中国建筑装饰协会会长李秉仁（右）关注粘贴技术科学研究院工作以及爱迪防空鼓防病变技术和产品

U0283719

中国石材协会会长邹传胜（左）关注爱迪防空鼓防病变技术和产品

2013 年 11 月 7 日，第十一届中国建筑装饰百强企业峰会于安徽省马鞍山市召开期间，中国建筑装饰协会及行业领军企业与上海爱迪技术发展有限公司首倡"防空鼓、防病变绿色行动"，并签订战略合作协议，爱迪成为首席合作伙伴。

中国建筑装饰协会副会长兼秘书长刘晓一（左）
和上海爱迪技术发展有限公司董事长余春冠签约

参加签约仪式的中国建筑装饰协会领导
及领军企业负责人合影

2013 年 11 月 26 日，在北京国家会议中心召开的第二届全国建筑装饰行业科技大会上，爱迪获授中国建筑装饰行业粘贴技术科学研究院，爱迪董事长余春冠被任命为院长，并代表 24 家中国建筑装饰行业科学研究院在大会上发言。

上海爱迪技术发展有限公司获授牌中国建筑装饰行业粘贴技术科学研究院

中国建筑装饰行业粘贴技术科学研究院
院长余春冠代表 24 家科学研究院发言

第二届全国建筑装饰行业科技大会现场

2014年7月20～21日，首届"全国建筑装饰行业专家研讨会"在上海朱家角成功召开。会议由中国建筑装饰协会主办，中国建筑装饰行业粘贴技术科学研究院和上海爱迪技术发展有限公司承办。中国建筑装饰协会副会长兼施工委员会秘书长陈新出席研讨会并作动员讲话。

中国建筑装饰协会副会长兼施工委员会
秘书长陈新作动员讲话

全国建筑装饰行业专家研讨会现场

上海市建筑装饰工程集团有限公司
总工程师王辉平发言

神州长城装饰工程有限公司
总工程师谢宝英发言

中国建筑装饰行业粘贴技术科学研究院
院长及上海爱迪技术发展有限公司董事长
余春冠发言

专家们参观上海爱迪技术发展有限公司研发展示中心

2014 年 4 月 18 日，上海装饰行业粘贴应用技术研发基地揭牌仪式暨上海建装 30 强企业、常务理事单位与爱迪公司战略合作签约仪式在爱迪公司研发中心举行。爱迪公司成为上海装饰行业首家研发基地和"防空鼓、防病变绿色行动"首席合作伙伴。

上海市装饰装修行业协会副会长张长东和上海爱迪技术发展有限公司董事长余春冠共同为上海装饰行业粘贴应用技术研发基地揭牌

张长东向余春冠颁发研发基地主任聘书

张长东代表上海市装饰装修行业协会会长黄健之向研发基地题赠墨宝

上海市装饰装修行业协会副会长李新平与上海爱迪技术发展有限公司董事长余春冠签约

参加揭牌和签约仪式人员合影

中国建筑装饰行业粘贴技术科学研究院院长、上海装饰行业粘贴应用技术研发基地主任、上海爱迪技术发展有限公司董事长余春冠多年来应邀到中国建筑装饰行业协会等行业组织和苏州金螳螂建筑装饰股份有限公司等知名企业讲授防空鼓、防病变粘贴技术100余次。

全国建筑装饰行业专家研修班

第二届全国建筑装饰行业项目经理代表大会
及首届一级注册建造师继续教育试点培训会

辽宁省装饰行业应用论坛

上海市装饰、石材和房产协会联合主办的
石材病变预防新技术研讨会

金螳螂大讲堂

室内建筑装饰石材工程技术规程标准编制工作会

从使用爱迪产品的战略合作，到互相开设讲座，再到合作研发项目，金螳螂与爱迪交往范围不断扩大，合作程度不断加深。

金螳螂总工程师朱农到爱迪商讨合作研发项目

金螳螂石材会员单位学习爱迪背胶技术推广交流　　金螳螂商学院副院长徐嘉（右六）到爱迪爱学堂讲课并与学员合影

爱迪防空鼓、防病变技术及产品自 1999 年问世以来，已应用于全国各地各种气候条件下的包括上海世博会中国馆和上海中心大厦等在内的 10000 多个知名工程项目，经受住了时间和环境的考验。

上海世博会中国馆　　　　　　　　　　　　　　　上海中心大厦

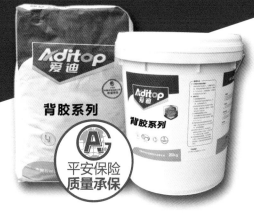

中国建材工业出版社
China Building Materials Press

## 我 们 提 供 ▌▌▌

图书出版、图书广告宣传、企业/个人定向出版、设计业务、企业内刊等外包、代选代购图书、团体用书、会议、培训，其他深度合作等优质高效服务。

| 编 辑 部 ▌▌ | 宣传推广 ▌▌▌ | 出版咨询 ▌▌▌ | 图书销售 ▌▌▌ | 设计业务 ▌▌▌ |
|---|---|---|---|---|
| 010-68342167 | 010-68361706 | 010-68343948 | 010-88386906 | 010-68361706 |

邮箱：jccbs-zbs@163.com　　　网址：www.jccbs.com.cn

*发展出版传媒　　服务经济建设*

*传播科技进步　　满足社会需求*

Aditop 爱迪　石材与玻化砖背胶的发明者和领导者

# 石材·玻化砖
# 防空鼓　防病变
## 粘贴技术集成

上海爱迪技术发展有限公司

中国建筑装饰行业粘贴技术科学研究院　　组织编写

上海装饰行业粘贴应用技术研发基地

余春冠　代　露　编著

中国建材工业出版社

**图书在版编目(CIP)数据**

石材·玻化砖防空鼓防病变粘贴技术集成/余春冠,
代露编著. —北京:中国建材工业出版社,2014.12
ISBN 978-7-5160-1049-5

Ⅰ.①石…　Ⅱ.①余…　②代…　Ⅲ.①石料—建筑
装饰—工程施工　Ⅳ.①TU767

中国版本图书馆 CIP 数据核字(2014)第 276529 号

## 内　容　简　介

　　本书详细介绍了在普通墙地面、潮湿地面、保温墙体、轻钢龙骨轻板、地暖、需翻新砖墙面、木板、钢板等不同基层上分别湿贴天然石材、人造石材和玻化砖且可预防空鼓病变等问题的技术方案,包括工艺原理、施工工艺流程及操作要点、材料与设备、施工质量控制等内容,并配有图示,基本涵盖了天然石材、人造石材和玻化砖实际应用的各种场合,适合建筑装饰领域工程师、项目经理、操作工人、监理工程师、设计师等相关专业人士和爱好者阅读参考。

石材·玻化砖防空鼓防病变粘贴技术集成

余春冠　代露　编著

出版发行：**中国建材工业出版社**
地　　址：北京市海淀区三里河路 1 号
邮　　编：100044
经　　销：全国各地新华书店
印　　刷：北京中科印刷有限公司
开　　本：889mm×1194mm　1/16
印　　张：8　彩插：0.5 印张
字　　数：220 千字
版　　次：2014 年 12 月第 1 版
印　　次：2014 年 12 月第 1 次
定　　价：**68.00 元**
_____

本社网址：www.jccbs.com.cn　　微信公众号：zgjcgycbs
广告经营许可证号：京西工商广字第 8143 号
本书如出现印装质量问题,由我社营销部负责调换。联系电话：(010)88386906

# 本书编委会

主　编：上海爱迪技术发展有限公司　　　　　余春冠

副主编：苏州金螳螂装饰股份有限公司　　　　朱　农

　　　　浙江亚厦装饰股份有限公司　　　　　何静姿

　　　　上海市建筑装饰工程集团有限公司　　王辉平

　　　　北京神州长城装饰工程有限公司　　　谢宝英

　　　　上海蓝天房屋装饰工程有限公司　　　苏宏平

　　　　中建三局装饰工程有限公司　　　　　李道学

　　　　深圳广田装饰集团股份有限公司　　　李卫社

编　委：上海爱迪技术发展有限公司　　　　　代　露

　　　　上海爱迪技术发展有限公司　　　　　陈忠勇

　　　　上海爱迪技术发展有限公司　　　　　孟文路

顾　问：中国建筑装饰协会　　　　　　　　　陈　新

　　　　上海建筑装饰协会　　　　　　　　　刘　勇

　　　　上海蓝天房屋装饰工程有限公司　　　洪兆雄

　　　　中国石材协会　　　　　　　　　　　邓惠青

# 序一

在 2013 年 12 月召开的中央城镇化工作会议上，习近平总书记、李克强总理对工程质量提出了新的要求。

住房和城乡建设部于 2014 年 9 月制定印发了《工程质量治理两年行动方案》，对工程质量治理作出了具体部署，提出了切实措施。

据此，中国建筑装饰协会决定在全行业实施"防空鼓防病变三年行动计划"，彻底解决困扰行业多年的玻化砖和石材的空鼓、脱落、水斑、泛碱、翘曲和起鼓等通病。

在上海爱迪技术发展有限公司、中国建筑装饰行业粘贴技术科学研究院、上海装饰行业粘贴应用技术研发基地及相关建筑装饰企业的大力支持下，中国建筑装饰协会积极促成编辑出版《石材·玻化砖防空鼓防病变粘贴技术集成》，作为"防空鼓防病变三年行动计划"的技术指导用书。

在中国建筑装饰行业成立三十周年之际，本书的正式出版将有力推动行业发展，也是对行业三十周年庆典的献礼。

在此，我谨代表中国建筑装饰协会，向对于本书的出版倾注心血的相关单位及余春冠先生、业内专家、资深顾问等相关个人表示衷心感谢！同时希望广大建筑装饰行业同仁对本书的进一步完善提出宝贵意见和建议。

中国建筑装饰协会副会长兼秘书长

2014 年 11 月 28 日

# 序二

　　2014 年 4 月 18 日，上海装饰行业粘贴应用技术研发基地揭牌仪式在上海爱迪技术发展有限公司举行。这是上海装饰行业第一个落户企业的研发基地，我因其他公务未能参加揭牌仪式，但特地题写了"致远"两字表达了对研发基地的希望和期许。

　　上海市装饰装修行业协会选择爱迪公司作为第一个研发基地的承接单位，是经过认真考量的。考量标准可以概括为"德能"两字。"德"首先是指企业要有乐于奉献、推动行业发展的公益心和意愿，其次是企业必须坚持节能、低碳、环保的发展导向。"能"是指企业要有对于行业普遍需求的应用技术的研发创新能力。

　　爱迪公司在大学老师兼科技工作者出身的董事长余春冠先生的带领下，专注于建筑材料及其应用技术创新，进行了一定深度的理论探索，积累了比较丰富的实践经验，研发了一些行业急需的产品和技术。尤其难能可贵的是，余春冠先生始终热心行业公益事业，对于装饰企业在实践中遇到的技术难题总是有求必应，免费帮助解决，并且将实践中遇到的技术难题作为自己进一步研究的方向和课题，像防空鼓、防病变的爱迪胶等产品就是这样发明出来的。

　　装饰行业这些年发展迅速，石材、玻化砖等装饰材料被越来越多地采用，但空鼓、病变等问题也随之成为行业的通病，与绿色低碳、美丽中国的要求背道而驰，必须通过技术创新予以解决。有着巨大市场需求的上海装饰行业，理应在解决这个问题方面走在前面。因此，我们上海市装饰装修行业协会决定创办上海装饰行业粘贴应用技术研发基地，并选择已被中国建筑装饰协会授牌中国建筑装饰行业粘贴技术科学研究院的爱迪公司作为承接单位，一方面希望爱迪公司整合优势资源，切实在粘贴应用技术方面做出成果；另一方面也希望爱迪公司能够为我们上海市装饰装修行业协会今后创办更多的应用技术研发基地树立良好的榜样。

　　这本由上海爱迪技术发展有限公司、中国建筑装饰行业粘贴技术科学研究院、上海装饰行业粘贴应用技术研发基地合力编辑出版的《石材·玻化砖防空鼓防病变粘贴技术集成》，无疑给出了满意的答卷。本书对于上海乃至全国装饰行业的"防空鼓、防病变绿色行动"可谓是及时雨，必将有所助益。

　　在此，我谨代表上海市装饰装修行业协会，对于本书的出版表示热烈的祝贺！并盼望今后有更多更好的行业技术著作问世！

上海市装饰装修行业协会会长
2014 年 12 月

# 前　　言

　　石材、人造石、玻化砖是多年来大量用于建筑的装饰材料。然而天然石材的水斑、泛碱、空鼓，人造石的翘曲、开裂、起鼓，玻化砖的空鼓、脱落一直困扰着建筑装饰行业，成了行业的通病。2014 年 9 月住房和城乡建设部提出了《工程质量治理两年行动方案》，2014 年 11 月中国建筑装饰协会提出了"防空鼓、防病变三年行动"，要解决空鼓、病变等行业的通病。

　　作为中国建筑装饰行业粘贴技术科学研究院和上海装饰行业粘贴应用技术研发基地的上海爱迪技术发展有限公司，积极响应中国建筑装饰协会"防空鼓、防病变三年行动"的计划。

　　爱迪专注于建筑材料的研发、生产、应用技术二十多年，对粘贴材料和粘贴应用技术有一定的经验，针对装饰石材、玻化砖等的通病问题，系统地分析了发生问题的原因，提出了石材粘结原理模型，研发了预防通病发生的关键材料——石材防水背胶和玻化砖背胶，经数以万计项目的应用，总结出了"三要素五步骤"、"二要素五步骤"的预防技术，得到了许多工程案例的进一步验证。

　　此次在中国建筑装饰协会、上海市装饰装修行业协会领导的指导支持下，在许多行业专家的参与下，在编制组人员的共同努力下，把基于大量实践而提炼出的"三要素五步骤"、"二要素五步骤"预防技术，又经实际验证的二十多种石材、人造石材、玻化砖粘贴于不同基层的施工方法，汇编成《石材·玻化砖防空鼓防病变粘贴技术集成》，是希望对我们行业保证质量、预防通病、减少损耗、提高粘结技术水平有所帮助，对中装协"防空鼓、防病变三年行动"的有效展开有所帮助。

　　诚邀我们行业的专家、同仁，对本书提出宝贵的建议和意见，更希望能与我们一起进一步完善此技术，为我们行业的发展出一份力。

上海爱迪技术发展有限公司　董事长
中国建筑装饰行业粘贴技术科学研究院　院　长
上海装饰行业粘贴应用技术研发基地　主　任
2014 年 11 月 28 日

# 目　　录

# 1 普通地面天然石材湿贴施工方法

## 导 语

石材大量用于建筑装饰,除用其坚固、耐久、耐磨外,还有大气美观的品质,采用传统湿贴方法的工程,经常存在一些问题,如天然石材主要存在水斑、泛碱、脱落等通病及大理石背网需铲除。石材湿贴施工常用防护剂作六面防护以解决石材水斑、泛碱等问题,但降低了石材的粘结强度;背网是为了防止石材大板在生产运输过程产生破损,在湿贴前必须铲除,否则影响粘结,如此费时费工又产生建筑垃圾,增加了石材破损。根据天然石材的特点,上海爱迪技术发展有限公司提出的预防天然石材病变的"三要素五步骤",推出普通地面天然石材湿贴施工方法,对避免病变的产生、保证工程质量效果显著。

## 1 方法特点

1.1 石材背面涂背胶;

1.2 专用石材胶粘剂粘贴。

## 2 适用范围

适用于混凝土等较稳定地面直接铺贴天然石材。

## 3 工艺原理

防水、增强与减少应力。

### 3.1 防水

水斑、泛碱、起壳、开裂等许多问题与水有关,防水既是材料上的防水,又是系统的防水。材料的防水是要做好石材的防护,系统的防水是在石材防护的基层上,考虑整体的防水,防止与疏导相结合,进行整体安排。

### 3.2 增强

起壳、开裂、脱落等许多问题与强度有关,增强既是材料上的增强,又是系统的增强。材料的增强是针对石材,使石材的物理力学性能提高,不易开裂;系统的增强是针对系统,从基层到面层,整个系统稳定,石材不开裂、不起壳、不脱落。

### 3.3 减少应力

起壳、开裂、脱落等问题都因强度与应力的平衡被破坏所致。减少应力,是解决矛盾的重要措施。

增强与减少应力,有一定的相关性,互相影响。许多病变是在两个要素共同作用下发生的。掌控好两个要素,做到强度高、应力小,使系统在低应力状态下运行,对于预防石材通病非常重要。

## 4 施工工艺流程及操作要点

### 4.1 施工工艺流程

工具准备→涂刷石材防水背胶→粘贴施工→填缝施工→成品保护

### 4.2 操作要点

#### 4.2.1 石材防水背胶的调配

1. 工地现场涂刷石材背胶

（1）AD-8009 石材防水背胶的调配，见附录 B.0.1。

（2）涂刷方法

涂刷前需先清理表面，将石板粘结面的灰尘、污物、油渍等清理干净（图 4.2.1-1）；将石板平放在地面上，用毛刷将浆料均匀地涂布于石板的粘结面，厚度控制在 0.6 ~ 0.8mm，用量 0.8 ~ 1.0kg/m²，常温下的表干时间在 0.5 ~ 1 小时。自然养护一天后即可进行粘贴施工（图 4.2.1-2）。

石板四周溢出的浆料，在表干后可用美工刀或铲刀清理干净（图 4.2.1-3）。

图 4.2.1-1　清理石板　　　　图 4.2.1-2　涂刷背胶　　　　图 4.2.1-3　清理浆料

2. 石材大板厂预先涂刷石材背胶

（1）AD-8015 石材防水背胶的调配，见附录 B.0.2。

（2）涂刷方法

批涂前用刷子、铲刀等工具将石板粘结面的灰尘、污物、油渍等清理干净，使石板的表面保持清洁（图 4.2.1-4）。

将石板平放在托架上，将预先裁切好的网布（图 4.2.1-5）按压在石板表面，倒适量的浆料在网布上，用批板将浆料均匀地批刮在整个石板表面，将网布全部覆盖，浆料厚度控制在 0.6 ~ 0.8mm。通常批涂一遍即可，对洞石类的石材可预先在板面上直接批涂一遍背胶，后再按批网的方法刮涂一遍。背胶用量 0.8 ~ 1.0kg/m²，常温下的表干时间在 0.5 ~ 1 小时。自然养护一天后即可进行粘贴施工（图 4.2.1-6）。

石板四周溢出的浆料，在表干后可用美工刀或铲刀清理干净（图 4.2.1-7）。

图 4.2.1-4　清理石板　　图 4.2.1-5　裁切网布　　图 4.2.1-6　批刮背胶　　图 4.2.1-7　清理浆料

#### 4.2.2 切割部位补防护

**石材除背面外的 5 个面应做好防护；如需现场切割，切割部位须补防护，且须等适当的养护期后再做粘贴。**

#### 4.2.3 粘贴施工

1. 基层处理

粘贴前需先对基层地面进行仔细检查,基层地面或找平层表面需具有足够的强度。对基层表面的油脂、浮尘、疏松物等各种不利于粘结的物质,需清理后才可进行粘贴。基层和饰面材料均不需用水湿润,饰面材料的粘结面应保持清洁(图 4.2.3-1)。

2. AD-1013 石材胶粘剂的调配,见附录 B.0.3。

3. 粘贴方法

(1)平整度较好的地面粘贴方法

根据放线位置和水平位置进行铺贴。用锯齿镘刀(又称齿形刮板)将浆料均匀地刮涂于天然石材或基层的粘结面上(基层误差较大时,可在基层和石板两边同时刮涂)(图 4.2.3-2、图 4.2.3-3),再将石板按压到基层上面(图 4.2.3-4),用橡皮锤轻轻敲击、调整水平、摆正压实(图 4.2.3-6);也可按常规贴法将拌好的浆料直接涂抹于天然石材的粘结面上,再用力按压到基层表面,摆正,刮去多余胶浆。

石板四周接缝部位的缝内挤压出的胶粘剂用铲刀等工具及时清理干净(图 4.2.3-7)。

图 4.2.3-1　基面清理　　　图 4.2.3-2　石板批胶粘剂　　　图 4.2.3-3　地面批胶粘剂

图 4.2.3-4　铺贴石板(一)　图 4.2.3-5　铺贴石板(二)　　图 4.2.3-6　找平　　　图 4.2.3-7　清理接缝

(2)平整度较差的地面粘贴方法

根据放线位置和水平位置进行铺贴。先对基层表面做界面处理,再平铺一层 1:3 的半干水泥砂浆(手握成团,放下后散开),厚度 3～5cm,找平压实。再用锯齿镘刀将浆料均匀地刮涂于天然石材的粘结面上(图 4.2.3-2),将石板按压在半干砂浆上面(图 4.2.3-5),用橡皮锤轻轻敲击、调整水平、摆正压实(图 4.2.3-6)。

**石板四周接缝部位的缝内挤压出的胶粘剂用铲刀等工具及时清理干净**(图 4.2.3-7)。

粘结层厚度在 3～5mm 时,每平方米胶粘剂用量 5～8kg。

4.2.4　留缝

**根据石板的规格大小合理设置接缝。**

天然石材长度 ≤60cm,应设置不小于 0.5mm 的接缝;长度 >60cm,应设置不小于 1mm 的接缝(图 4.2.4)。

4.2.5　成品敞开式保护

**采用敞开式保护,石材上严禁覆盖塑料膜等不透气的材料,应自然敞开,或覆盖具有透气性的材料作**

成品保护(图4.2.5-1、图4.2.5-2)。

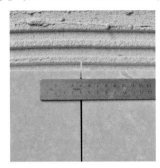

图4.2.4 留缝          图4.2.5-1 错误的成品保护          图4.2.5-2 成品保护

4.2.6 填缝施工

1 填缝施工应在粘贴完成至少14天以后才可进行,填缝前应用切割机做清缝处理,再用刷子清除灰尘(图4.2.6-1、图4.2.6-2);可使用普通的填缝材料进行嵌缝处理,也可采用柔性填缝剂进行填缝处理。

2 将填缝剂用铲刀或批板嵌入缝隙中,将缝隙表面填平(图4.2.6-3)。

3 在自然条件下养护2~3天,待填缝剂完全固化后即可对石板进行打磨抛光操作。

4 拌好的填缝剂胶浆宜控制在规定时间内用完,粘在石板表面的浆料,在未固化前可用铲刀清理干净(图4.2.6-4)。

图4.2.6-1 切割清理     图4.2.6-2 清理灰尘     图4.2.6-3 填缝     图4.2.6-4 清理表面

# 5 材料与设备

## 5.1 材料

AD-8009爱迪石材防水背胶,性能指标应符合附录A表A.0.1的规定。

AD-8015爱迪石材防水背胶(背网专用),性能指标应符合附录A表A.0.2的规定。

AD-1013爱迪天然石材胶粘剂,性能指标应符合附录A表A.0.3的规定。

AD-1026爱迪柔性填缝剂,性能指标应符合附录A表A.0.4的规定。

## 5.2 设备

搅拌桶、电动搅拌器、切割机、毛刷、滚筒、铲刀、美工刀、批板、橡皮锤、水平尺、锯齿镘刀(1cm×1cm)等。

# 6 施工质量控制

6.1 施工完成后,应做好养护和成品保护工作,铺贴后的石板表面应保持开放状态,使水气能快速挥发。铺贴完的表面不应覆盖塑料薄膜等阻挡水气挥发的材料。铺贴完三天内不应上人作业,一周内禁止淋水、敲击和碰撞。

6.2 胶粘剂和背胶应严格按规定的配比,搅拌均匀,施工时不宜添加其他材料和外加剂,拌好的胶粘剂和背胶宜控制在 2 小时内用完,施工现场环境温度在 5～35℃为宜,每次施工完,可用清水清洗工具及设备。

6.3 石材防水背胶、石材胶粘剂及柔性填缝剂等材料的碱性小于水泥,对皮肤影响较小,若不慎落入眼中,可用清水冲洗。

6.4 石板的粘结面在粘结前不宜使用防护剂进行防护处理,否则易引起空鼓脱落。

6.5 在背胶层还未充分干透前应避免淋雨和阳光直射,以免影响背胶成膜后的性能,同时也要避免用尖锐的器具破坏背胶层。

6.6 石板粘结面如有树脂胶粘贴的背网,在涂刷背胶前需先用铲刀或其他工具清理干净。

6.7 已涂刷石材防水背胶的粘结面不需再做防护,只需做其他五面的防护即可进行粘贴施工。

6.8 石材防水背胶的涂层厚度应均匀,不得有遗漏或孔洞。

# 2 普通地面人造石材湿贴施工方法

## 导　语

人造石材用于建筑装饰,除大气美观外,还有舒适的脚感、可大量复制、环保、资源再利用等优点。采用传统湿贴方法的工程,经常存在一些问题,如人造石材主要存在起鼓、开裂、脱落等通病。根据人造石材的特点,上海爱迪技术发展有限公司在提出预防人造石材病变的"三要素五步骤"的基础上,推出普通地面人造石材湿贴施工方法,对避免病变的产生、保证工程质量效果显著。

## 1　方法特点

1.1　人造石材背面涂背胶;

1.2　专用胶粘剂粘贴;

1.3　适当留缝。

## 2　适用范围

适用于混凝土等较稳定地面直接铺贴岗石、石英石等人造石材。

## 3　工艺原理

人造石材防病变的三要素为:隔绝碱性水、提高粘结强度与减少应力。

### 3.1　隔绝碱性水

起壳、起鼓、翘曲、开裂等问题的产生,与碱性水对人造石材的腐蚀有关,隔绝碱性水,可以避免人造石材起鼓、开裂等问题的产生。

### 3.2　提高粘结强度

起壳、脱落等许多问题与粘结强度有关,提高粘结强度,从基层到面层,整个系统的粘结强度提高,使人造石材不起壳、不脱落。

### 3.3　减少应力

起壳、起鼓、翘曲、开裂等问题都因强度与应力的平衡被破坏所致。适当留缝、柔性处理是减少应力、解决矛盾的重要措施。

## 4　施工工艺流程及操作要点

### 4.1　施工工艺流程

工具准备→涂刷人造石材防水背胶→粘贴施工→填缝施工→成品保护

### 4.2　操作要点

#### 4.2.1　涂刷人造石材防水背胶

1　AD-8011人造石材防水背胶的调配,见附录B.0.5。

2　人造石材防水背胶涂刷方法

涂刷前需先清理表面,将石板粘结面的灰尘、污物、油渍等清理干净(图4.2.1-1);将石板平放在地面上,用毛刷将浆料均匀地涂布于石板的粘结面(图4.2.1-2),厚度控制在0.6~0.8mm,用量0.8~1.0kg/m²,常温下的表干时间在0.5~1小时。自然养护一天后即可进行粘贴施工。

石板四周溢出的浆料,在表干后可用美工刀或铲刀清理干净(图4.2.1-3)。

图4.2.1-1 清理石板　　　图4.2.1-2 涂刷背胶　　　图4.2.1-3 清理浆料

### 4.2.2 侧面做防护

**采用大颗粒天然石做骨料的人造石材,侧面宜做防护。**

### 4.2.3 粘贴施工

1 基层处理

粘贴前需先对基层地面进行仔细检查,基层地面或找平层表面需具有足够的强度。对基层表面的油脂、浮尘、疏松物等各种不利于粘结的物质,需清理后才可进行粘贴。基层和饰面材料均不需用水湿润,饰面材料的粘结面应保持清洁(图4.2.3-1)。

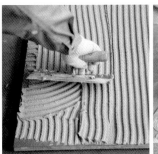

图4.2.3-1 清理基面　　图4.2.3-2 石板批胶粘剂　　图4.2.3-3 地面批胶粘剂　　图4.2.3-4 铺贴石板(一)

图4.2.3-5 铺贴石板(二)　　　图4.2.3-6 找平　　　图4.2.3-7 清理接缝

2 胶粘剂的调配

(1)AD-1016人造石材胶粘剂调配,见附录B.0.6。

(2)AD-6005柔性胶粘剂调配,见附录B.0.7。

（3）AD-1025R 双组分柔性胶粘剂调配，见附录 B.0.8。

粘贴时胶粘剂的选择：

岗石长度≤60cm，用 AD-1016 粘贴。

岗石长度≤120cm，石英石长度≤60cm，用 AD-6005 粘贴。

岗石长度＞120cm，石英石长度＞60cm，用 AD-1025R 粘贴。

3 粘贴方法

（1）平整度较好的地面粘贴方法

根据放线位置和水平位置进行铺贴。用锯齿镘刀将浆料均匀地刮涂于人造石材或基面的粘结面上（基层误差较大时，可在基层和石板两边同时刮涂）（图 4.2.3-2、图 4.2.3-3），再将石板按压到基层上面（图 4.2.3-4），用橡皮锤轻轻敲击、调整水平、摆正压实（图 4.2.3-6）；也可按常规贴法将拌好的浆料直接涂抹于人造石材的粘结面上，再用力按压到基层表面，摆正，刮去多余胶浆。

**人造石材四周接缝部位的缝内挤压出的胶粘剂用铲刀等工具及时清理干净**（图 4.2.3-7）。

（2）平整度较差的地面粘贴方法

根据放线位置和水平位置进行铺贴。先对基层表面做界面处理，再平铺一层 1:3 的半干水泥砂浆（手握成团，放下后散开），厚度 3~5cm，找平压实。再用锯齿镘刀将浆料均匀地刮涂于人造石材的粘结面上（图 4.2.3-2），将石板按压在半干砂浆上面（图 4.2.3-5），用橡皮锤轻轻敲击、调整水平、摆正压实（图 4.2.3-6）。

**人造石材四周接缝部位的缝内挤压出的胶粘剂用铲刀等工具及时清理干净**（图 4.2.3-7）。

粘结层厚度在 3~5mm 时，每平方米胶粘剂用量 5~8kg。

4.2.4 留缝

**根据石板的品种和规格大小合理设置接缝**（图 4.2.4）：

岗石长度≤60cm，应设置不小于 2mm 的接缝。

岗石长度≤120cm，石英石长度≤60cm，应设置不小于 3mm 的接缝。

岗石长度＞120cm，石英石长度＞60cm，应设置不小于 4mm 的接缝。

4.2.5 成品敞开式保护

**人造石材铺贴完后，人造石材上严禁覆盖塑料膜等不透气的材料，应自然敞开，或覆盖具有透气性的材料作成品保护。**（图 4.2.5-1、图 4.2.5-2）。

图 4.2.4 留缝

图 4.2.5-1 错误的成品保护

图 4.2.5-2 成品保护

4.2.6 填缝施工

1 填缝时间应尽可能推迟，至少应在粘贴完成 14 天以后才可进行，填缝前应先清除缝隙里面的油脂、浮尘、疏松物等各种不利于填缝、影响粘结的杂质（图 4.2.6-1、图 4.2.6-2）；由于人造石材变形较大，在选择填缝材料时应使用柔性填缝剂进行填缝处理。

2 AD-1026 柔性填缝剂的调配见附录 B.0.4，将填缝剂用铲刀或批板嵌入缝隙中，填缝深度应不小于 3mm,将缝隙表面填平(图 4.2.6-3)。

  **3** 在自然条件下养护 2～3 天,待填缝剂完全固化后即可对石板进行打磨抛光操作。

  **4** 拌好的填缝剂胶浆宜控制在规定时间内用完,粘在石板表面的浆料,在未固化前可用铲刀清理干净(图 4.2.6-4)。

  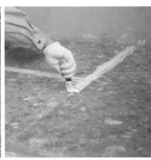 

  图 4.2.6-1 切割清理  图 4.2.6-2 清理灰尘  图 4.2.6-3 填缝  图 4.2.6-4 清理表面

## 5 材料与设备

### 5.1 材料

  AD-8011 爱迪人造石材防水背胶,性能指标应符合附录 A 表 A.0.5 的规定。

  AD-1016 爱迪人造石材胶粘剂,性能指标应符合附录 A 表 A.0.6 的规定。

  AD-6005 爱迪柔性胶粘剂,性能指标应符合附录 A 表 A.0.7 的规定。

  AD-1025R 爱迪双组分柔性胶粘剂,性能指标应符合附录 A 表 A.0.8 的规定。

  AD-1026 爱迪柔性填缝剂,性能指标应符合附录 A 表 A.0.4 的规定。

### 5.2 设备

  搅拌桶、电动搅拌器、毛刷、滚筒、铲刀、美工刀、批板、橡皮锤、水平尺、锯齿镘刀(1cm×1cm)等。

## 6 施工质量控制

6.1 施工完成后,应做好养护和成品保护工作,铺贴后的人造石材表面应保持开放状态,使水气能快速挥发。铺贴完的表面不应覆盖塑料薄膜等阻挡水气挥发的材料。铺贴完三天内不应上人作业,一周内禁止淋水、敲击和碰撞。

6.2 胶粘剂和背胶应严格按规定的配比,搅拌均匀,施工时不宜添加其他材料和外加剂,拌好的胶粘剂和背胶宜控制在 2 小时内用完,施工现场环境温度在 5～35℃为宜,每次施工完,可用清水清洗工具及设备。

6.3 人造石材防水背胶、人造石材胶粘剂、柔性胶粘剂的碱性小于水泥,对皮肤影响较小,若不慎落入眼中,可用清水冲洗。

6.4 石板的粘结面在粘结前不宜使用防护剂进行防护处理,否则易引起空鼓脱落。

6.5 在背胶层还未充分干透前应避免淋雨,以免影响背胶成膜后的性能,同时也要避免用尖锐的器具破坏背胶层。

**6.6 人造石材由于本身变形较大,受温度、湿度影响引起的变形也较大,在填缝时应采用柔性填缝剂嵌缝,以适应人造石材的变形,绝不可采用刚性材料填缝。**

# 3 普通地面玻化砖湿贴施工方法

## 导　语

玻化砖大量用于建筑装饰,除用其坚固、耐久、耐磨外,还有大气美观的品质,采用传统湿贴方法的工程,经常存在一些问题,主要存在空鼓、脱落等通病。上海爱迪技术发展有限公司提出预防玻化砖病变的"二要素五步骤"湿贴施工方法,对避免病变的产生、保证工程质量效果显著。

## 1　方法特点

1.1　玻化砖背面涂背胶;

1.2　专用玻化砖胶粘剂粘贴,提高粘结强度。

## 2　适用范围

适用于混凝土等较稳定地面直接铺贴玻化砖。

## 3　工艺原理

玻化砖防空鼓的二要素为:提高粘结力与减少破坏性应力。

3.1　提高粘结力

玻化砖的破坏主要是玻化砖背面与粘结材料脱开,原因是玻化砖很致密,普通粘结材料不易与玻化砖牢固粘结,采用玻化砖背胶提高粘结材料与玻化砖之间的粘结力。

3.2　减少破坏性应力

玻化砖尺寸较大,弹性模量较大,温度变化、基层变形等产生的应力较大,减少破坏性应力,使系统应力小于强度,以保持系统的稳定。

## 4　施工工艺流程及操作要点

4.1　施工工艺流程

工具准备→涂刷玻化砖背胶→粘贴施工→粘结材料选择与留缝→填缝施工→成品保护

4.2　操作要点

4.2.1　涂刷玻化砖背胶

1　玻化砖背胶的调配,见附录 B.0.9。

2　玻化砖背胶涂刷方法

**涂刷前须先清理玻化砖粘结面,将玻化砖粘结面的灰尘、污物、油渍、脱模剂残留物等清理干净**(图 4.2.1-1)。

将玻化砖平放在地面上,用毛刷将浆料均匀地涂布于玻化砖的粘结面,厚度控制在 0.8～1.0mm,用量 0.8～1.0kg/m²,常温下的表干时间在 20～30 分钟。表干后即可进行粘贴施工(图 4.2.1-2)。

玻化砖四周溢出的浆料,在刚表干时可用美工刀或铲刀清理干净(图 4.2.1-3)。

图 4.2.1-1 清理玻化砖

图 4.2.1-2 涂刷背胶

图 4.2.1-3 清理浆料

4.2.2 粘贴施工

1 基层处理

粘贴前需先对基层地面进行仔细检查,基层地面或找平层表面需具有足够的强度。对基层表面的油脂、浮尘、疏松物等各种不利于粘结的物质,需清理后才可进行粘贴。基层和饰面材料均不需用水湿润,饰面材料的粘结面应保持清洁(图 4.2.2-1)。

2 AD-1015 玻化砖胶粘剂的调配,见附录 B.0.10、附录 B.0.11。

3 粘贴方法

(1)平整度较好的地面粘贴方法

根据放线位置和水平位置进行铺贴。用锯齿镘刀将浆料均匀地刮涂于玻化砖或基层的粘结面上(基层误差较大时,可在基层和玻化砖两边同时刮涂)(图 4.2.2-2、图 4.2.2-3),再将玻化砖按压到基层上面(图 4.2.2-4),用橡皮锤轻轻敲击、调整水平、摆正压实(图 4.2.2-6);也可按常规贴法将拌好的浆料直接涂抹于玻化砖的粘结面上,再用力按压到基层表面,摆正,刮去多余胶浆。**玻化砖四周接缝部位的缝内挤压出的胶粘剂用铲刀等工具及时清理干净**(图 4.2.2-7)。

图 4.2.2-1 清理基面

图 4.2.2-2 玻化砖
批胶粘剂

图 4.2.2-3 地面批胶粘剂

图 4.2.2-4 铺贴
玻化砖(一)

图 4.2.2-5 铺贴
玻化砖(二)

图 4.2.2-6 找平

图 4.2.2-7 清理接缝

（2）平整度较差的地面粘贴方法

根据放线位置和水平位置进行铺贴。先对基层表面做界面处理，再平铺一层1：3的半干水泥砂浆（手握成团，放下后散开），厚度3～5cm，找平压实。再用锯齿镘刀将浆料均匀地刮涂于玻化砖的粘结面上（图4.2.2-2），将玻化砖按压在半干砂浆上面（图4.2.2-5），用橡皮锤轻轻敲击、调整水平、摆正压实（图4.2.2-6）。

**玻化砖四周接缝部位的缝内挤压出的胶粘剂用铲刀等工具及时清理干净**（图4.2.2-7）。

粘结层厚度在3～5mm时，每平方米胶粘剂用量5～8kg。

4.2.3 粘结材料选择与留缝

玻化砖长度≤60cm，可选择AD-1015玻化砖胶粘剂（普通型）进行粘贴；长度>60cm，建议选择AD-1015玻化砖胶粘剂（加强型）进行粘贴。

**粘贴时根据玻化砖的规格大小合理设置接缝。玻化砖长度≤60cm，应设置不小于0.5mm的接缝，长度>60cm，应设置不小于1mm的接缝**（图4.2.3）。

4.2.4 填缝施工

1 填缝施工应在粘贴完成至少7天以后才可进行，填缝前应先清除缝隙里面的油脂、浮尘、疏松物等各种不利于填缝、影响粘结的杂质（图4.2.4-1）；可使用普通的填缝材料进行嵌缝处理，也可采用柔性填缝剂进行填缝处理。

2 用铲刀或批板将填缝剂嵌入缝隙中，将缝隙表面填平（图4.2.4-2）。

3 在自然条件下养护，待填缝剂完全硬化后即可进入下一工序。

4 拌好的填缝剂胶浆宜控制在规定时间内用完，粘在玻化砖表面的浆料，应及时清理干净（图4.2.4-3）。

图4.2.3 留缝　　图4.2.4-1 清理接缝　　图4.2.4-2 填缝　　图4.2.4-3 清理表面

# 5 材料与设备

## 5.1 材料

AD-1022爱迪玻化砖背胶，性能指标应符合附录A表A.0.9的规定。

AD-1015爱迪玻化砖胶粘剂（普通型），性能指标应符合附录A表A.0.10的规定。

AD-1015爱迪玻化砖胶粘剂（加强型），性能指标应符合附录A表A.0.11的规定。

AD-1026爱迪柔性填缝剂，性能指标应符合附录A表A.0.4的规定。

## 5.2 设备

搅拌桶、电动搅拌器、毛刷、滚筒、铲刀、美工刀、批板、橡皮锤、水平尺、锯齿镘刀（1cm×1cm）等。

# 6 施工质量控制

6.1 背胶涂刷前，须先将玻化砖背面的脱模剂残留物等严重影响粘结的污物清理干净。背胶施工完成后,应做好养护和成品保护工作,铺贴完三天内不应上人作业,一周内禁止淋水、敲击和碰撞。

6.2 拌好的浆料宜控制在 2 小时内用完,施工现场环境温度在 5 ~ 35℃ 为宜。

6.3 胶粘剂和背胶应严格按规定的配比,使用电动搅拌工具搅拌均匀,施工时不宜添加其他材料和外加剂,拌和胶粘剂的水应使用清水。

6.4 每次施工完,可用清水清洗工具及设备。

6.5 玻化砖背胶、玻化砖胶粘剂的碱性小于水泥,对皮肤影响较小,若不慎落入眼中,可用清水冲洗。

6.6 在背胶层还未充分干透前应避免淋雨,以免影响背胶成膜后的性能。

# 4 普通墙面天然石材湿贴施工方法

## 导　语

　　石材大量用于建筑装饰,除用其坚固、耐久、耐磨外,还有大气美观的品质,采用传统湿贴方法的工程,经常存在一些问题,如天然石材主要存在水斑、泛碱、脱落等通病及大理石背网需铲除。石材湿贴施工常用防护剂作六面防护以解决石材水斑、泛碱等问题,但降低了石材的粘结强度;背网是为了防止石材大板在生产运输过程中产生破损,在湿贴前必须铲除,否则影响粘结,如此费时费工又产生建筑垃圾,提高了石材破损。根据天然石材的特点,上海爱迪技术发展有限公司提出的预防天然石材病变的"三要素五步骤",推出普通墙面天然石材湿贴施工方法,对避免病变的产生、保证工程质量效果显著。

## 1　方法特点

1.1　石材背面涂背胶;

1.2　专用石材胶粘剂粘贴。

## 2　适用范围

　　适用于混凝土、红砖等较稳定墙体铺贴天然石材。

## 3　工艺原理

　　防水、增强与减少应力。

### 3.1　防水

　　水斑、泛碱、起壳、开裂等许多问题与水有关;防水指做好石材背面的防水和其他面的防护。

### 3.2　增强

　　起壳、开裂、脱落等许多问题与强度有关,增强既是材料上的增强,又是系统的增强。材料的增强是针对石材,使石材的物理力学性能提高,不易开裂;系统的增强是针对系统,从基层到面层,整个系统稳定,石材不开裂、不起壳、不脱落。

### 3.3　减少应力

　　起壳、开裂、脱落等问题都因强度与应力的平衡被破坏所致。减少应力,是解决矛盾的重要措施。

　　增强与减少应力,有一定的相关性,互相影响。许多病变是在两个要素共同作用下发生的。掌控好两个要素,做到强度高、应力小,使系统在低应力状态下运行,对于预防石材通病非常重要。

## 4　施工工艺流程及操作要点

### 4.1　施工工艺流程

　　工具准备→涂刷石材防水背胶→粘贴施工→留缝→填缝施工→成品保护

### 4.2　操作要点

　　4.2.1　涂刷石材防水背胶

1 工地现场涂刷石材背胶

（1）AD-8009 石材防水背胶的调配，见附录 B.0.1。

（2）涂刷方法

涂刷前需先清理表面，将石板粘结面的灰尘、污物、油渍等清理干净（图 4.2.1-1）。

将石板平放在地面上，用毛刷将浆料均匀地涂布于石板的粘结面，厚度控制在 0.6~0.8mm，用量 0.8~1.0kg/m$^2$，常温下的表干时间在 0.5~1 小时。自然养护一天后即可进行粘贴施工（图 4.2.1-2）。

石板四周溢出的浆料，在表干时可用美工刀或铲刀清理干净（图 4.2.1-3）。

图 4.2.1-1　清理石板　　　　图 4.2.1-2　涂刷背胶　　　　图 4.2.1-3　清理浆料

2 石材大板厂预先涂刷石材背胶

（1）AD-8015 石材防水背胶的调配，见附录 B.0.2。

（2）涂刷方法

批涂前用刷子、铲刀等工具将石板粘结面的灰尘、污物、油渍等清理干净，使石板的表面保持清洁（图 4.2.1-4）。

将石板平放在托架上，将预先裁切好的网布（图 4.2.1-5）按压在石板表面，倒适量的浆料在网布上，用批板将浆料均匀地批刮在整个石板表面（图 4.2.1-6），将网布全部覆盖，浆料厚度控制在 0.6~0.8mm。通常批涂一遍即可，对洞石类的石材可预先在板面上直接批涂一遍背胶后再按批网的方法刮涂一遍。用量 0.8~1.0kg/m$^2$，常温下的表干时间在 0.5~1 小时。自然养护一天后即可进行粘贴施工。

石板四周溢出的浆料，在表干时可用美工刀或铲刀清理干净（图 4.2.1-7）。

 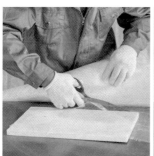  

图 4.2.1-4　清理石板　　图 4.2.1-5　裁切网布　　图 4.2.1-6　涂刷背胶　　图 4.2.1-7　清理浆料

4.2.2　切割部位补防护

**石材除背面外的 5 个面应做好防护；如需现场切割，切割部位须补防护，且需等适当的防护期后再做粘贴。**

4.2.3　粘贴施工

1 基层处理

粘贴前需先对基层墙体进行仔细检查,基层墙体和粉刷层表面需具有足够的强度。对基层表面的油脂、浮尘、疏松物等各种不利于粘结的物质,需清理后才可进行粘贴(图4.2.3-1)。基层和饰面材料均不需用水湿润,饰面材料的粘结面应保持清洁。

2 AD-1013石材胶粘剂的调配,见附录 B.0.3。

3 粘贴方法

根据放线位置和水平位置进行铺贴。用锯齿镘刀将浆料均匀地刮涂于基层或天然石材的粘结面上(基层误差较大时,可在基层和石板两边同时刮涂)(图4.2.3-2、图4.2.3-3),再将石板按压到基层上面(图4.2.3-4),用橡皮锤轻轻敲击、调整水平、摆正压实(图4.2.3-5);也可按常规贴法将拌好的浆料直接涂抹于天然石材的粘结面上,再用力按压到基层表面,摆正,刮去多余胶浆。

**石板四周接缝部位的缝内挤压出的胶粘剂用铲刀等工具及时清理干净**(图4.2.3-6)。

图4.2.3-1 清理基层

图4.2.3-2 石板批胶粘剂

图4.2.3-3 墙面批胶粘剂

图4.2.3-4 粘贴石板

图4.2.3-5 找平

图4.2.3-6 清理接缝

粘结层厚度在3~5mm时,每平方米胶粘剂用量5~8kg。

4.2.4 留缝

**根据石板的规格大小合理设置接缝。**

天然石材长度≤60cm,应设置不小于0.5mm的接缝;长度>60cm,应设置不小于1mm的接缝(图4.2.4)。

4.2.5 填缝施工

1 填缝施工应在粘贴完成至少7天以后才可进行,填缝前应先清除缝隙里面的油脂、浮尘、疏松物等各种不利于填缝、影响粘结的杂质(图4.2.5-1);可使用普通的填缝材料进行嵌缝处理,也可采用柔性填缝剂进行填缝处理。

2 将填缝剂用铲刀或批板嵌入缝隙中,将缝隙表面填平(图4.2.5-2)。

3 在自然条件下养护2~3天,待填缝剂完全固化后即可对石板进行打磨抛光或清理操作。

4 拌好的填缝剂胶浆宜控制在规定时间内用完,粘在石板表面的浆料,在未固化前可用铲刀清理干净(图4.2.5-3)。

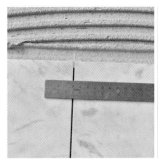   

图 4.2.4　留缝　　　　图 4.2.5-1　清缝　　　　图 4.2.5-2　填缝　　　　图 4.2.5-3　清理表面

## 5　材料与设备

### 5.1　材料

AD-8009 爱迪石材防水背胶,性能指标应符合附录 A 表 A.0.1 的规定。

AD-8015 爱迪石材防水背胶(背网专用),性能指标应符合附录 A 表 A.0.2 的规定。

AD-1013 爱迪天然石材胶粘剂,性能指标应符合附录 A 表 A.0.3 的规定。

AD-1026 爱迪柔性填缝剂,性能指标应符合附录 A 表 A.0.4 的规定。

### 5.2　设备

搅拌桶、电动搅拌器、毛刷、滚筒、铲刀、美工刀、批板、橡皮锤、水平尺、锯齿镘刀(1cm×1cm)等。

## 6　施工质量控制

6.1　施工完成后,应做好养护和成品保护工作,粘贴后的石板禁止敲击和碰撞,粘贴完一周内禁止淋水。

6.2　胶粘剂和背胶应严格按规定的配比,搅拌均匀,施工时不宜添加其他材料和外加剂,拌好的胶粘剂和背胶宜控制在 2 小时内用完,施工现场环境温度在 5～35℃为宜,每次施工完,可用清水清洗工具及设备。

6.3　石材防水背胶、石材胶粘剂及柔性填缝剂等材料的碱性小于水泥,对皮肤影响较小,若不慎落入眼中,可用清水冲洗。

6.4　石板的粘结面在粘结前不宜使用防护剂进行防护处理,否则易引起空鼓脱落。

6.5　在背胶层还未充分干透前应避免淋雨和阳光直射,以免影响背胶成膜后的性能,同时也要避免用尖锐的器具破坏背胶层。

6.6　石板粘结面如有树脂胶粘贴的背网,在涂刷背胶前需先用铲刀或其他工具清理干净。

6.7　已涂刷石材防水背胶的粘结面不需再做防护,只需做其他五面的防护即可进行粘贴施工。

6.8　石材防水背胶的涂层厚度应均匀,不得有遗漏或孔洞。

# 5 普通墙面人造石材湿贴施工方法

## 导 语

人造石材用于建筑装饰,除大气美观外,还有可大量复制、环保、资源再利用等优点。采用传统湿贴方法的工程,经常存在一些问题,如人造石材主要存在起鼓、开裂、脱落等通病。根据人造石材的特点,上海爱迪技术发展有限公司在提出预防人造石材病变的"三要素五步骤"的基础上,推出普通墙面人造石材湿贴施工方法,对避免病变的产生、保证工程质量效果显著。

## 1 方法特点

1.1 人造石材背面涂背胶;

1.2 专用胶粘剂粘贴;

1.3 适当留缝。

## 2 适用范围

适用于混凝土、红砖等较稳定墙面直接铺贴岗石、石英石等人造石材。

## 3 工艺原理

隔绝碱性水、提高粘结强度与减少应力。

### 3.1 隔绝碱性水

起壳、起鼓、翘曲、开裂等问题的产生,与碱性水对人造石材的腐蚀有关,隔绝碱性水,可以避免人造石材起鼓、开裂等问题的产生。

### 3.2 提高粘结强度

起壳、脱落等许多问题与粘结强度有关,提高粘结强度,从基层到面层,整个系统的粘结强度提高,使人造石材不起壳、不脱落。

### 3.3 减少应力

起壳、起鼓、翘曲、开裂等问题都因强度与应力的平衡被破坏所致。适当留缝,是减少应力,解决矛盾的重要措施。

## 4 施工工艺流程及操作要点

### 4.1 施工工艺流程

工具准备→涂刷人造石材防水背胶→粘贴施工→留缝→填缝施工→成品保护

### 4.2 操作要点

#### 4.2.1 涂刷人造石材防水背胶

1 人造石材防水背胶的调配,见附录 B.0.4。

2 人造石材防水背胶涂刷方法

涂刷前需先清理表面,将石板粘结面的灰尘、污物、油渍等清理干净(图 4.2.1-1)。

将石板平放在地面上,用毛刷将浆料均匀地涂布于石板的粘结面,厚度控制在 0.6~0.8mm,用量 0.8~

1.0kg/m², 常温下的表干时间在 0.5 ~ 1 小时。自然养护一天后即可进行粘贴施工(图 4.2.1-2)。

石板四周溢出的浆料, 在表干时可用美工刀或铲刀清理干净(图 4.2.1-3)。

图 4.2.1-1　清理石板　　　　　图 4.2.1-2　涂刷背胶　　　　　图 4.2.1-3　清理浆料

#### 4.2.2　侧面做防护

**采用大颗粒天然石做骨料的人造石材, 侧面宜做防护。**

#### 4.2.3　粘贴施工

**1　基层处理**

粘贴前需先对基层地面进行仔细检查, 基层墙面或找平层表面需具有足够的强度。对基层表面的油脂、浮尘、疏松物等各种不利于粘结的物质, 需清理后才可进行粘贴。基层和饰面材料均不需用水湿润, 饰面材料的粘结面应保持清洁(图 4.2.3-1)。

**2　胶粘剂的调配**

(1)AD-1016 人造石材胶粘剂调配, 见附录 B.0.6。

(2)AD-6005 柔性胶粘剂调配, 见附录 B.0.7。

(3)AD-1025R 双组分柔性胶粘剂调配, 见附录 B.0.8。

(4)粘贴时胶粘剂的选择

岗石长度≤60cm, 石英石长度≤30cm, 用 AD-1016 粘贴。

岗石长度≤120cm, 石英石长度≤60cm, 用 AD-6005 粘贴。

岗石长度>120cm, 石英石长度>60cm, 用 AD-1025R 粘贴。

**3　粘贴方法**

根据放线位置和水平位置进行铺贴。用锯齿镘刀将浆料均匀地刮涂于人造石材或基层的粘结面上(基层误差较大时, 可在基层和石板两边同时刮涂)(图 4.2.3-2、图 4.2.3-3), 再将石板按压到基层上面(图 4.2.3-4), 用橡皮锤轻轻敲击、调整水平、摆正压实(图 4.2.3-5);也可按常规贴法将拌好的浆料直接涂抹于人造石材的粘结面上, 再用力按压到基层表面, 摆正, 刮去多余胶浆。

**人造石材四周接缝部位的缝内挤压出的胶粘剂用铲刀等工具及时清理干净**(图 4.2.3-6)。

粘结层厚度在 5 ~ 5mm 时, 每平方米胶粘剂用量 5 ~ 8kg。

图 4.2.3-1　清理基层　　　　　图 4.2.3-2　石板批胶粘剂　　　　　图 4.2.3-3　墙面批胶粘剂

图 4.2.3-4　粘贴石板　　　　图 4.2.3-5　找平　　　　图 4.2.3-6　清理接缝

#### 4.2.4　留缝

**根据石板的品种和规格大小合理设置接缝**(图 4.2.4):

岗石长度≤60cm,石英石长度≤30cm,应设置不小于 2mm 的接缝。

岗石长度≤120cm,石英石长度≤60cm,应设置不小于 3mm 的接缝。

岗石长度>120cm,石英石长度>60cm,应设置不小于 4mm 的接缝。

#### 4.2.5　填缝施工

1　填缝时间应尽可能推迟,至少应在粘贴完成 7 天以后才可进行,填缝前应先清除缝隙里面的油脂、浮尘、疏松物等各种不利于填缝、影响粘结的杂质(图 4.2.5-1);由于人造石材普遍变形较大,在选择填缝材料时应使用柔性填缝剂进行填缝处理。

2　不需打磨墙面:将 AD-1027 柔性填缝剂(墙面型)包装打开后,放入硅胶枪内,缓慢挤压到接缝中,填缝深度应不小于 3mm,将接缝表面填平,自然养护一天,待填缝剂完全固化后即可(图 4.2.5-2)。

3　需打磨墙面:AD-1026 柔性填缝剂的调配见附录 B.0.4,将填缝剂用铲刀或批板嵌入缝隙中,填缝深度应不小于 3mm,将缝隙表面填平(图 4.2.5-3),在自然条件下养护 2~3 天,待填缝剂完全固化后即可对石板进行打磨抛光操作。

4　填缝剂包装打开后应在规定时间内用完,粘在石板接缝周围的浆料,在表干后可用铲刀清理干净,使缝表面保持平整、清洁(4.2.5-4)。

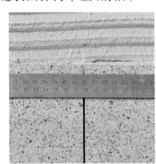

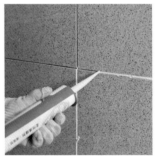

图 4.2.4　留缝　　　　图 4.2.5-1　清缝　　　　图 4.2.5-2　填缝(一)

图 4.2.5-3　填缝(二)　　　　图 4.2.5-4　清理表面

## 5 材料与设备

### 5.1 材料

AD-8011 爱迪人造石材防水背胶,性能指标应符合附录 A 表 A.0.5 的规定。

AD-1016 爱迪人造石材胶粘剂,性能指标应符合附录 A 表 A.0.6 的规定。

AD-6005 爱迪柔性胶粘剂,性能指标应符合附录 A 表 A.0.7 的规定。

AD-1025R 爱迪双组分柔性胶粘剂,性能指标应符合附录 A 表 A.0.8 的规定。

AD-1026 爱迪柔性填缝剂,性能指标应符合附录 A 表 A.0.4 的规定。

AD-1027 爱迪柔性填缝剂(墙面型),性能指标应符合附录 A 表 A.0.15 的规定。

### 5.2 设备

搅拌桶、电动搅拌器、毛刷、滚筒、铲刀、美工刀、批板、橡皮锤、水平尺、硅胶枪、锯齿镘刀(1cm×1cm)等。

## 6 施工质量控制

6.1 胶粘剂和背胶应严格按规定的配比,搅拌均匀,施工时不宜添加其他材料和外加剂,拌好的胶粘剂和背胶宜控制在 2 小时内用完,施工现场环境温度在 5～35℃ 为宜,每次施工完,可用清水清洗工具及设备。

6.2 人造石材防水背胶、人造石材胶粘剂、柔性胶粘剂的碱性小于水泥,对皮肤影响较小,若不慎落入眼中,可用清水冲洗。

6.3 石板的粘结面在粘结前不宜使用防护剂进行防护处理,否则易引起空鼓脱落。

6.4 在背胶层还未充分干透前应避免淋雨,以免影响背胶成膜后性能,同时避免用尖锐器具破坏背胶层。

**6.5 人造石材由于本身变形较大,受温度、湿度的影响引起的变形也较大,因此在填缝时应采用柔性填缝剂嵌缝,以适应人造石材的变形,绝不可采用刚性材料填缝。**

# 6 普通墙面玻化砖湿贴施工方法

## 导　语

玻化砖大量用于建筑装饰,除用其坚固、耐久、耐磨外,还有大气美观的品质,国内外大量采用胶粘剂直接湿贴玻化砖的做法,而采用传统湿贴方法的工程,经常存在一些问题,主要存在空鼓、脱落等通病。上海爱迪技术发展有限公司提出预防玻化砖病变的"二要素五步骤"湿贴施工方法,对避免病变的产生、保证工程质量效果显著。

## 1　方法特点

1.1　玻化砖背面涂背胶;

1.2　专用玻化砖胶粘剂粘贴,提高粘结强度。

## 2　适用范围

适用于混凝土、红砖等较稳定墙体直接铺贴玻化砖。

## 3　工艺原理

提高粘结力与减少破坏性应力。

### 3.1　提高粘结力

玻化砖的破坏主要是玻化砖背面与粘结材料脱开,原因是玻化砖很致密,普通粘结材料不易与玻化砖牢固粘结,采用玻化砖背胶提高粘结材料与玻化砖之间的粘结力。

### 3.2　减少破坏性应力

玻化砖尺寸较大,弹性模量较大,温度变化、基层变形等产生的应力较大,减少破坏性应力,使系统应力小于强度,以保持系统的稳定。

## 4　施工工艺流程及操作要点

### 4.1　施工工艺流程

工具准备→涂刷玻化砖背胶→粘贴施工→粘结材料选择与留缝→填缝施工→成品保护

### 4.2　操作要点

#### 4.2.1　涂刷玻化砖背胶

1　玻化砖背胶的调配,见附录 B.0.9。

2　玻化砖背胶涂刷方法

**涂刷前须先清理玻化砖粘结面,将玻化砖粘结面的灰尘、污物、油渍、脱模剂残留物等清理干净**(图 4.2.1-1)。

将玻化砖平放在地面上,用毛刷将浆料均匀地涂布于玻化砖的粘结面,厚度控制在 0.8~1.0mm,用量 0.8~1.0kg/m²,常温下的表干时间在 20~30 分钟。表干后即可进行粘贴施工(图 4.2.1-2)。

玻化砖四周溢出的浆料,在表干时可用美工刀或铲刀清理干净(图 4.2.1-3)。

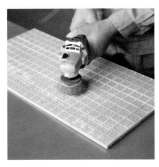
图 4.2.1-1　清理玻化砖

图 4.2.1-2　涂刷背胶

图 4.2.1-3　清理浆料

### 4.2.2　粘贴施工

**1　基层处理**

粘贴前需先对基层墙面进行仔细检查,基层墙面或找平层表面需具有足够的强度。对基层表面的油脂、浮尘、疏松物等各种不利于粘结的物质,需清理后才可进行粘贴。基层和饰面材料均不需用水湿润,饰面材料的粘结面应保持清洁(图4.2.2-1)。

**2　AD-1015 玻化砖胶粘剂的调配**,见附录 B.0.10、附录 B.0.11。

**3　粘贴方法**

根据放线位置和水平位置进行铺贴。用锯齿镘刀将浆料均匀地刮涂于玻化砖或基层的粘结面上(基层误差较大时,可在基层和石板两边同时刮涂)(图4.2.2-2、图4.2.2-3),再将玻化砖按压到基层上面(图4.2.2-4),用橡皮锤轻轻敲击、调整水平、摆正压实(图4.2.2-5);也可按常规贴法将拌好的浆料直接涂抹于玻化砖的粘结面上,再用力按压到基层表面,摆正,刮去多余胶浆。

**玻化砖四周接缝部位的缝内挤压出的胶粘剂用铲刀等工具及时清理干净**(图4.2.2-6)。

图 4.2.2-1　清理基层

图 4.2.2-2　玻化砖批胶粘剂

图 4.2.2-3　墙面批胶粘剂

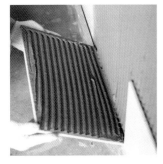
图 4.2.2-4　粘贴玻化砖

图 4.2.2-5　找平

图 4.2.2-6　清理接缝

粘结层厚度在 3 ~ 5mm 时,每平方米胶粘剂用量 5 ~ 8kg。

### 4.2.3　粘结材料选择与留缝

玻化砖长度≤60cm,可选择 AD-1015 玻化砖胶粘剂(普通型)进行粘贴;长度 >60cm,建议选择

AD-1015玻化砖胶粘剂(加强型)进行粘贴。

**粘贴时根据玻化砖的规格大小合理设置接缝。**

玻化砖长度≤60cm,应设置不小于0.5mm的接缝;玻化砖长度>60cm,应设置不小于1mm的接缝(图4.2.3)。

4.2.4　填缝施工

1　填缝施工应在粘贴完成至少7天以后才可进行,填缝前应先清除缝隙里面的油脂、浮尘、疏松物等各种不利于填缝、影响粘结的杂质(图4.2.4-1);可使用普通的填缝材料进行嵌缝处理,留缝较小时,可采用柔性填缝剂或弹性硅酮胶进行填缝处理。

2　将AD-1027柔性填缝剂(墙面型)包装打开后,放入硅胶枪内,缓慢挤压到接缝中,填缝深度应不小于3mm,将接缝表面填平(图4.2.4-2)。

3　自然养护一天,待填缝剂完全固化后即可。

4　填缝剂包装打开后应尽快用完,粘在玻化砖接缝周围的浆料,在表干后可用铲刀清理干净,使缝表面保持平整、清洁(图4.2.4-3)。

  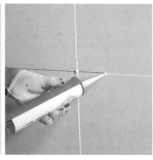 

图4.2.3　留缝　　　　图4.2.4-1　清缝　　　　图4.2.4-2　填缝　　　　图4.2.4-3　清理表面

## 5　材料与设备

### 5.1　材料

AD-1022爱迪玻化砖背胶,性能指标应符合附录A表A.0.9的规定。

AD-1015爱迪玻化砖胶粘剂(普通型),性能指标应符合附录A表A.0.10的规定。

AD-1015爱迪玻化砖胶粘剂(加强型),性能指标应符合附录A表A.0.11的规定。

AD-1027爱迪柔性填缝剂(墙面型),性能指标应符合附录A表A.0.15的规定。

### 5.2　设备

搅拌桶、电动搅拌器、毛刷、滚筒、铲刀、美工刀、批板、橡皮锤、水平尺、硅胶枪、锯齿镘刀(1cm×1cm)等。

## 6　施工质量控制

6.1　背胶涂刷前,须先将玻化砖背面的脱模剂残留物等严重影响粘结的污物清理干净。背胶施工完成后,应做好养护和成品保护工作,湿贴施工铺贴完一周内禁止淋水、禁止踩踏、敲击和碰撞。

6.2　拌好的浆料宜控制在2小时内用完,施工现场环境温度在5~35℃为宜。

6.3　胶粘剂和背胶应严格按规定的配比,使用电动搅拌工具搅拌均匀,施工时不宜添加其他材料和外加剂,拌和胶粘剂的水应使用清水。

6.4　每次施工完,可用清水清洗工具及设备。

6.5　玻化砖背胶、玻化砖胶粘剂的碱性小于水泥,对皮肤影响较小,若不慎落入眼中,可用清水冲洗。

6.6　在背胶层还未充分干透前应避免淋雨,以免影响背胶成膜后的性能。

# 7 轻钢龙骨轻板墙体天然石材湿贴施工方法

## 导　语

石材大量用于建筑装饰,除用其坚固、耐久、耐磨外,还有大气美观的品质,采用传统湿贴方法的工程,经常存在一些问题,如天然石材主要存在水斑、泛碱、脱落等通病及大理石背网需铲除。石材湿贴施工常用防护剂作六面防护以解决石材水斑、泛碱等问题,但降低了石材的粘结强度;背网是为了防止石材大板在生产运输过程产生破损,在湿贴前必须铲除,否则影响粘结,如此费时费工又产生建筑垃圾,提高了石材破损。轻钢龙骨墙体经常用于建筑隔墙,其稳定性差,变形大,湿贴饰面空鼓、脱落很常见。根据轻钢龙骨轻质墙板与天然石材的特点,上海爱迪技术发展有限公司在提出预防天然石材病变的"三要素五步骤"的基础上,推出轻钢龙骨轻板墙体天然石材湿贴施工方法,对避免病变的产生、保证工程质量效果显著。

## 1　方法特点

1.1　基层柔性处理,接缝弹性处理;

1.2　石材背面涂背胶,柔性粘结;

1.3　拼缝尽量对齐,骑缝粘贴需设置弹性垫;

1.4　柔性填缝剂填缝。

## 2　适用范围

适用于由龙骨和纤维水泥压力板等组成的轻质墙板上粘贴天然石材。

## 3　工艺原理

防水、增强与减少应力。采用背胶处理,提高粘结强度;采用柔性处理,降低系统应力。

### 3.1　防水

水斑、泛碱、起壳、开裂等许多问题与水有关;防水指做好石材背面的防水和其他面的防护。

### 3.2　增强

起壳、开裂、脱落等许多问题与强度有关,增强既是材料上的增强,又是系统的增强。材料的增强是针对石材,使石材的物理力学性能提高,不易开裂;系统的增强是针对系统,从基层到面层,整个系统稳定,石材不开裂、不起壳、不脱落。

### 3.3　减少应力

起壳、开裂、脱落等问题都因强度与应力的平衡被破坏所致。减少应力,是解决矛盾的重要措施。

防水、增强与减少应力,有一定的相关性,互相影响。如防水影响系统的强度(粘结强度),也影响系统的应力(湿度应力)。许多病变是在三个要素共同作用下发生的。掌控好三个要素,做到防水好、强度高、应力小,使系统在低应力状态下运行,对于预防石材通病非常重要。

轻钢龙骨轻板与石材变形不一致,易脱落,因此采用柔性处理的方式减少应力。

## 4 施工工艺流程及操作要点

### 4.1 施工工艺流程

工具准备→板面涂刷界面剂→板缝与板面处理→涂刷石材防水背胶→粘贴施工→填缝施工→成品保护

### 4.2 操作要点

#### 4.2.1 板面涂刷界面剂

1 混凝土界面剂调配,见附录 B.0.12。

2 轻质墙体板面涂刷方法

涂刷前用刷子、铲刀等工具将板面的灰尘、污物、油渍等清理干净,使板的表面保持清洁(图 4.2.1-1)。

用毛刷或滚筒将浆料均匀地涂布于板的表面,厚度在 1mm 左右,用量约 1kg/m² (包括水泥和砂的总量),自然养护一天后即可进行板缝处理施工(图 4.2.1-2)。

图 4.2.1-1 清理基层　　　　　图 4.2.1-2 涂刷界面剂

#### 4.2.2 板缝和板面处理

1 弹性防水膜的调配,见附录 B.0.10。

2 轻钢龙骨轻板接缝涂刷方法

将网布和无纺布裁切成条状,宽度与表面需粘贴的石板的横向宽度保持相同或略大(图 4.2.2-1、图 4.2.2-2)。

用毛刷将弹性防水膜浆料均匀地涂布于板与板、板与墙面或柱子的接缝部位的两边,厚度在 0.5mm 左右,宽度最小需保持与网布的宽度相同。将网布压在防水膜表面,刮平压实(图 4.2.2-3)。表面再涂刷一遍防水膜,厚度 0.5mm 左右。自然养护一天后,再按相同的方法将无纺布粘贴到接缝部位(图 4.2.2-4)。干燥后的涂膜总厚度应不小于 1.5mm,自然养护 1~2 天后即可进行粘贴施工。

图 4.2.2-1 裁切网布　　图 4.2.2-2 裁切无纺布　　图 4.2.2-3 粘贴网布　　图 4.2.2-4 粘贴无纺布

#### 4.2.3 涂刷石材防水背胶

强度较高的石板(如花岗石等),可在石板的粘结面上直接涂刷 AD-8009;强度较低、裂纹较多的石板

（如奥特曼、西米等），可采用 AD-8015 在石板的粘结面批涂网布进行增强。

1 工地现场涂刷石材背胶

（1）背胶的调配，见附录 B.0.1 。

（2）涂刷方法

涂刷前需先清理表面，将石板粘结面的灰尘、污物、油渍等清理干净（图 4.2.3-1）。

将石板平放在地面上，用毛刷将浆料均匀地涂布于石板的粘结面（图 4.2.3-2），厚度控制在 0.6 ~ 0.8mm，用量 0.8 ~ 1.0kg/m²，常温下的表干时间在 0.5 ~ 1 小时。自然养护一天后即可进行粘贴施工。

石板四周溢出的浆料，在表干时可用美工刀或铲刀清理干净（图 4.2.3-3）。

图 4.2.3-1 清理石板　　　　图 4.2.3-2 涂刷背胶　　　　图 4.2.3-3 清理浆料

2 石材大板厂预先涂刷石材背胶

（1）背胶的调配，见附录 B.0.2。

（2）涂刷方法

批涂前用刷子、铲刀等工具将石板粘结面的灰尘、污物、油渍等清理干净，使石板的表面保持清洁（图 4.2.3-4）。

将石板平放在托架上，将预先裁切好的网布按压在石板表面（图 4.2.3-5），倒适量的浆料在网布上，用批板将浆料均匀地批刮在整个石板表面，将网布全部覆盖，浆料厚度控制在 0.6 ~0.8mm 左右。通常批涂一遍即可，对洞石类的石材可预先在板面上直接批涂一遍背胶，后再按批网的方法刮涂一遍。用量约 0.8 ~ 1.0kg/m²，常温下的表干时间在 0.5 ~ 1 小时。自然养护一天后即可进行粘贴施工（图 4.2.3-6）。

石板四周溢出的浆料，在表干时可用美工刀或铲刀清理干净（图 4.2.3-7）。

图 4.2.3-4 清理石板　　图 4.2.3-5 裁切网布　　图 4.2.3-6 批刮背胶　　图 4.2.3-7 清理浆料

4.2.4 粘贴施工

1 基层处理

粘贴前需先对基层进行仔细检查。如基层表面有油脂、浮尘、疏松物等各种不利于粘结的物质，需清理后才可进行粘贴。基层和饰面材料均不需用水湿润，饰面材料的粘结面应保持清洁。

2 AD-6005 柔性胶粘剂的调配,见附录 B.0.6 。

3 粘贴方法

根据放线位置和水平位置进行铺贴。用锯齿镘刀将浆料均匀地刮涂于基层或天然石材的粘结面上(基层误差较大时,可在基层和石板两边同时刮涂)(图4.2.4-1、图4.2.4-2),再将石板按压到基层上面(图4.2.4-3),用橡皮锤轻轻敲击、调整水平、摆正压实(图4.2.4-4);也可按常规贴法将拌好的浆料直接涂抹于天然石材的粘结面上,再用力按压到基层表面,摆正,刮去多余胶浆。

**石板四周接缝部位的缝内挤压出的胶粘剂用铲刀等工具及时清理干净**(图4.2.4-5)。

粘结层厚度在 5mm 左右时,每平方米胶粘剂用量约 8kg。

**根据石板的品种和规格大小合理设置接缝。**

天然石材长度≤60cm,应设置不小于 1mm 的接缝;长度 >60cm ,应设置不小于 1.5mm 的接缝(图4.2.4-6)。

图 4.2.4-1  石板批胶粘剂

图 4.2.4-2  墙面批胶粘剂

图 4.2.4-3  粘贴石板

图 4.2.4-4  找平

图 4.2.4-5  清理接缝

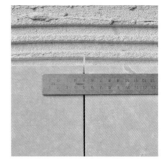
图 4.2.4-6  留缝

粘贴厚度在 5mm 左右时,每平方米胶粘剂用量约 8kg。

4.2.5 填缝施工

1 填缝时间应尽可能推迟,至少应在粘贴完成 7 天以后才可进行,填缝前应先清除缝隙里面的油脂、浮尘、疏松物等各种不利于填缝、影响粘结的杂质(图4.2.5-1);由于轻质墙体变形较大,在选择填缝材料时应使用柔性填缝剂或弹性硅酮胶进行填缝处理。

2 不需打磨墙面:将 AD-1027 柔性填缝剂(墙面型)包装打开后,放入硅胶枪内,缓慢挤压到接缝中,填缝深度应不小于 3mm,将接缝表面填平,自然养护一天,待填缝剂完全固化后即可(图 4.2.5-2)。

3 需打磨墙面:AD-1026 柔性填缝剂的调配见附录 B.0.4,将填缝剂用铲刀或批板嵌入缝隙中,填缝深度应不小于 3mm,将缝隙表面填平(图 4.2.5-3),在自然条件下养护 2～3 天,待填缝剂完全固化后即可对石板进行打磨抛光或清理操作。

4 填缝剂包装打开后应在规定时间内用完,粘在石板接缝周围的浆料,在表干后可用铲刀清理干净,使缝表面保持平整、清洁(图 4.2.5-4)。

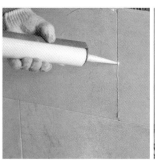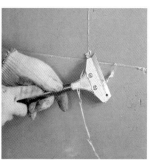

图 4.2.5-1  清缝　　　　图 4.2.5-2  填缝(一)　　　　图 4.2.5-3  填缝(二)　　　　图 4.2.5-4  清理表面

## 5  材料与设备

### 5.1  材料

AD-1002 爱迪混凝土界面剂,性能指标应符合附录 A 表 A.0.12 的规定。

AD-2002 爱迪弹性防水膜 I 型,性能指标应符合附录 A 表 A.0.13 的规定。

AD-8015 爱迪石材防水背胶(背网专用),性能指标应符合附录 A 表 A.0.2 的规定。

AD-8009 爱迪石材防水背胶(多功能型),性能指标应符合附录 A 表 A.0.1 的规定。

AD-6005 爱迪柔性胶粘剂,性能指标应符合附录 A 表 A.0.7 的规定。

AD-1026 爱迪柔性填缝剂,性能指标应符合附录 A 表 A.0.4 的规定。

AD-1027 爱迪柔性填缝剂(墙面型),性能指标应符合附录 A 表 A.0.15 的规定。

无纺布($\geqslant 30 \mathrm{g/m}^2$)。

耐碱网格布(单位面积质量$\geqslant 145 \mathrm{g/m}^2$)。

### 5.2  设备

搅拌桶、电动搅拌器、毛刷、滚筒、铲刀、美工刀、批板、橡皮锤、水平尺、硅胶枪、锯齿镘刀(1cm × 1cm)等。

## 6  施工质量控制

6.1  施工完成后,应做好养护和成品保护工作,铺贴完一周内禁止淋水、敲击和碰撞。

6.2  胶粘剂和背胶应严格按规定的配比,搅拌均匀,施工时不宜添加其他材料和外加剂,拌好的胶粘剂和背胶宜控制在 2 小时内用完,施工现场环境温度在 5～35℃ 为宜,每次施工完,可用清水清洗工具及设备。

6.3  石材防水背胶、石材胶粘剂及柔性填缝剂等材料的碱性小于水泥,对皮肤影响较小,若不慎落入眼中,可用清水冲洗。

6.4  石板的粘结面在粘结前不宜使用防护剂进行防护处理,否则易引起空鼓脱落。

6.5  在背胶层还未充分干透前应避免淋雨和阳光直射,以免影响背胶成膜后的性能,同时也要避免用尖锐的器具破坏背胶层。

6.6  石板粘结面如有树脂胶粘贴的背网,在涂刷背胶前需先用铲刀或其他工具清理干净。

6.7  已涂刷石材防水背胶的粘结面不需再做防护,只需做其他五面的防护即可进行粘贴施工。

6.8  石材防水背胶的涂层厚度应均匀,不得有遗漏或孔洞。

# 8 轻钢龙骨轻板墙体人造石材湿贴施工方法

## 导 语

人造石材用于建筑装饰,除大气美观外,还有可大量复制、环保、资源再利用等优点。采用传统湿贴方法的工程,经常存在一些问题,如人造石材主要存在起鼓、开裂、脱落等通病。轻钢龙骨墙体经常用于建筑隔墙,其稳定性差,变形大,湿贴饰面空鼓、脱落很常见。根据轻钢龙骨轻质墙板与人造石材的特点,上海爱迪技术发展有限公司在提出预防人造石材病变的"三要素五步骤"的基础上,推出轻钢龙骨轻板墙体人造石材湿贴施工方法,对避免病变的产生、保证工程质量效果显著。

## 1 方法特点

1.1 基层柔性处理,接缝弹性处理;

1.2 人造石材背面涂背胶,柔性粘结;

1.3 拼缝尽量对齐,骑缝粘贴需设置弹性垫;

1.4 柔性填缝剂填缝。

## 2 适用范围

适用于由龙骨和纤维水泥压力板等组成的轻质墙板上粘贴岗石、石英石等人造石材。

## 3 工艺原理

隔绝碱性水、提高粘结强度与减少应力。

### 3.1 隔绝碱性水

起壳、起鼓、翘曲、开裂等问题的产生,与碱性水对人造石材的腐蚀有关,隔绝碱性水,可以避免人造石材起鼓、开裂等问题的产生。

### 3.2 提高粘结强度

起壳、脱落等许多问题与粘结强度有关,提高粘结强度,从基层到面层,整个系统的粘结强度提高,使人造石材不起壳、不脱落。

### 3.3 减少应力

起壳、起鼓、翘曲、开裂等问题都因强度与应力的平衡被破坏所致。适当留缝,是减少应力,解决矛盾的重要措施。

轻质墙体与人造石材变形不一致,易脱落,因此采用柔性处理的方式减小破坏性应力。

## 4 施工工艺流程及操作要点

### 4.1 施工工艺流程

工具准备→板面涂刷界面剂→板缝与板面处理→涂刷人造石材防水背胶→粘贴施工→填缝施工→成品保护

## 4.2 操作要点

### 4.2.1 板面涂刷界面剂

1 混凝土界面剂调配,见附录 B. 0. 12 。

2 轻质墙体板面涂刷方法

涂刷前用刷子、铲刀等工具将板面的灰尘、污物、油渍等清理干净,使板的表面保持清洁(图4.2.1-1)。

用毛刷或滚筒将浆料均匀地涂布于板的表面,厚度在1mm 左右,用量约 1kg/m²(包括水泥和砂的总量),自然养护一天后即可进行板缝处理施工(图4.2.1-2)。

图 4. 2. 1-1 清理基层　　　　图 4. 2. 1-2 涂刷界面剂

### 4.2.2 板缝和板面处理

1 AD-2002 弹性防水膜的调配,见附录 B. 0. 11 。

2 轻质墙体板接缝涂刷方法

将网布和无纺布裁切成条状,宽度与表面需粘贴的石板的横向宽度保持相同或略大(图4.2.2-1、图4.2.2-2)。

用毛刷将防水膜浆料均匀的涂布于板与板、板与墙面或柱子的接缝部位的两边,厚度在 0.5mm 左右,宽度最小需保持与网布的宽度相同。将网布压在防水膜表面,刮平压实(图4.2.2-3)。表面再涂刷一遍防水膜,厚度 0.5mm 左右。自然养护一天后,再按相同的方法将无纺布粘贴到接缝部位(图4.2.2-4)。干燥后的涂膜总厚度应不小于1.5mm,自然养护 1～2 天后即可进行粘贴施工。

图 4. 2. 2-1 裁切网布　　图 4. 2. 2-2 裁切无纺布　　图 4. 2. 2-3 粘贴网布　　图 4. 2. 2-4 粘贴无纺布

### 4.2.3 涂刷人造石材防水背胶

1 人造石材防水背胶的调配,见附录 B. 0. 5 。

2 人造石材防水背胶涂刷方法

涂刷前需先清理表面,将石板粘结面的灰尘、污物、油渍等清理干净(图4.2.3-1)。

将石板平放在地面上,用毛刷将浆料均匀地涂布于石板的粘结面,厚度控制在 0.6～0.8mm,用量0.8～1.0kg/m²,常温下的表干时间在 0.5～1 小时。自然养护一天后即可进行粘贴施工(图4.2.3-2)。

石板四周溢出的浆料,在表干时可用美工刀或铲刀清理干净(图4.2.3-3)。

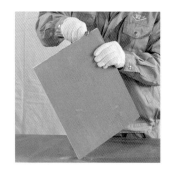

| 图4.2.3-1  清理石板 | 图4.2.3-2  涂刷背胶 | 图4.2.3-3  清理浆料 |

4.2.4  粘贴施工

1  基层处理

粘贴前需先对基层进行仔细检查。如基层表面有油脂、浮尘、疏松物等各种不利于粘结的物质,需清理后才可进行粘贴。基层和饰面材料均不需用水湿润,饰面材料的粘结面应保持清洁。

2  AD-1025R双组分柔性胶粘剂调配,见附录B.0.8。

3  粘贴方法

根据放线位置和水平位置进行铺贴。用锯齿镘刀将浆料均匀地刮涂于人造石材或基层的粘结面上(基层误差较大时,可在基层和石板两边同时刮涂)(图4.2.4-1、图4.2.4-2),再将石板按压到基层上面(图4.2.4-3),用橡皮锤轻轻敲击、调整水平、摆正压实(图4.2.4-4);也可按常规贴法将拌好的浆料直接涂抹于人造石材的粘结面上,再用力按压到基层表面,摆正,刮去多余胶浆。

**石板四周接缝部位的缝内挤压出的胶粘剂用铲刀等工具及时清理干净**(图4.2.4-5)。

粘结层厚度在5mm左右时,每平方米胶粘剂用量约8kg。

**根据石板的品种和规格大小合理设置接缝**(图4.2.4-6):

| 图4.2.4-1  石板批胶粘剂 | 图4.2.4-2  墙面批胶粘剂 | 图4.2.4-3  粘贴石板 |

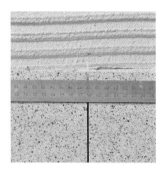

| 图4.2.4-4  找平 | 图4.2.4-5  清理接缝 | 图4.2.4-6  留缝 |

岗石长度≤60cm,石英石长度≤30cm,应设置不小于2mm的接缝。

岗石长度≤120cm,石英石长度≤60cm,应设置不小于3mm的接缝。

岗石长度>120cm,石英石长度>60cm,应设置不小于4mm的接缝。

#### 4.2.5 填缝施工

1 填缝时间应尽可能推迟,至少应在粘贴完成7天以后才可进行,填缝前应先清除缝隙里面的油脂、浮尘、疏松物等各种不利于填缝、影响粘结的杂质(图4.2.5-1);由于轻质墙体变形较大,在选择填缝材料时应使用柔性填缝剂或弹性硅酮胶进行填缝处理。

2 不需打磨墙面:将AD-1027柔性填缝剂(墙面型)包装打开后,放入硅胶枪内,缓慢挤压到接缝中,填缝深度应不小于3mm,将接缝表面填平(图4.2.5-2),自然养护一天,待填缝剂完全固化后即可。

3 需打磨墙面:AD-1026柔性填缝剂的调配见附录B.0.4,将填缝剂用铲刀或批板嵌入缝隙中,填缝深度应不小于3mm,将缝隙表面填平(图4.2.5-3),在自然条件下养护2~3天,待填缝剂完全固化后即可对石板进行打磨抛光或清理操作。

4 填缝剂包装打开后应在规定时间内用完,粘在石板接缝周围的浆料,在表干后可用铲刀清理干净,使缝表面保持平整、清洁(图4.2.5-4)。

  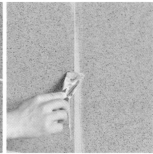 

图4.2.5-1 清缝　　　　图4.2.5-2 填缝(一)　　　　图4.2.5-3 填缝(二)　　　　图4.2.5-4 清理表面

## 5 材料与设备

### 5.1 材料

AD-1002爱迪混凝土界面剂,性能指标应符合附录A表A.0.12的规定。

AD-2002爱迪弹性防水膜I型,性能指标应符合附录A表A.0.13的规定。

AD-8011爱迪人造石材防水背胶,性能指标应符合附录A表A.0.5的规定。

AD-1025R爱迪双组分柔性胶粘剂,性能指标应符合附录A表A.0.8的规定。

AD-1026爱迪柔性填缝剂,性能指标应符合附录A表A.0.4的规定。

AD-1027爱迪柔性填缝剂(墙面型),性能指标应符合附录A表A.0.15的规定。

无纺布(≥30g/m²)。

耐碱网格布(单位面积质量≥145g/m²)。

### 5.2 设备

搅拌桶、电动搅拌器、毛刷、滚筒、铲刀、美工刀、批板、橡皮锤、水平尺、硅胶枪、锯齿镘刀(1cm×1cm)等。

## 6 施工质量控制

6.1 施工完成后,应做好养护和成品保护工作。铺贴完一周内禁止淋水、敲击和碰撞。

6.2 胶粘剂和背胶应严格按规定的配比,搅拌均匀,施工时不宜添加其他材料和外加剂,拌好的胶粘剂和背胶宜控制在2小时内用完,施工现场环境温度在5~35℃为宜,每次施工完,可用清水清洗工具及设备。

6.3 人造石材防水背胶、双组分胶粘剂、界面剂、弹性防水膜的碱性小于水泥,对皮肤影响较小,若不慎落入眼中,可用清水冲洗。

6.4 石板的粘结面在粘结前不宜使用防护剂进行防护处理,否则易引起空鼓脱落。

6.5 在背胶层还未充分干透前应避免淋雨,以免影响背胶成膜后的性能,同时也要避免用尖锐的器具破坏背胶层。

**6.6 人造石材由于本身变形较大,受温度、湿度的影响引起的变形也较大,因此在填缝时应采用柔性填缝剂嵌缝,以适应人造石材的变形,绝不可采用刚性材料填缝。**

# 9 轻钢龙骨轻板墙体玻化砖湿贴施工方法

## 导 语

玻化砖大量用于建筑装饰,除用其坚固、耐久、耐磨外,还有大气美观的品质,采用传统湿贴方法的工程,经常存在一些问题,主要存在空鼓、脱落等通病。轻钢龙骨墙体经常用于建筑隔墙,其稳定性差,变形大,湿贴饰面空鼓、脱落很常见。根据轻钢龙骨轻板墙板与玻化砖的特点,上海爱迪技术发展有限公司在提出预防玻化砖病变的"二要素五步骤"的基础上,推出轻钢龙骨轻板墙体玻化砖湿贴施工方法,对避免病变的产生、保证工程质量效果显著。

## 1 方法特点

1.1 基层柔性处理,接缝弹性处理;

1.2 玻化砖背面涂背胶,柔性粘结;

1.3 拼缝尽量对齐,骑缝粘贴需设置弹性垫;

1.4 柔性填缝剂填缝。

## 2 适用范围

适用于由龙骨和纤维水泥压力板等组成的轻质墙板上粘贴玻化砖。

## 3 工艺原理

提高粘结力与减少破坏性应力,采用背胶处理,提高粘结强度;采用柔性处理,降低系统应力。

3.1 提高粘结力

玻化砖的破坏主要是玻化砖背面与粘结材料脱开,原因是玻化砖很致密,普通粘结材料不易与玻化砖牢固粘结,采用玻化砖背胶提高粘结材料与玻化砖之间的粘结力。

3.2 减少破坏性应力

玻化砖尺寸较大,弹性模量较大,温度变化、基层变形等产生的应力较大,减少破坏性应力,使系统应力小于强度,以保持系统的稳定。

轻质墙体与玻化砖变形不一致,易脱落,因此采用柔性处理的方式减少应力。

## 4 施工工艺流程及操作要点

4.1 施工工艺流程

工具准备→板面涂刷界面剂→板缝与板面处理→涂刷玻化砖背胶→粘贴施工→填缝施工→成品保护

4.2 操作要点

4.2.1 板面涂刷界面剂

1 混凝土界面剂调配,见附录 B.0.12 。

2 轻质墙体板面涂刷方法

涂刷前用刷子、铲刀等工具将板面的灰尘、污物、油渍等清理干净,使板的表面保持清洁(图4.2.1-1)。

用毛刷或滚筒将浆料均匀的涂布于板的表面,厚度在1mm左右,用量约1kg/m²(包括水泥和砂的总量),自然养护一天后即可进行板缝处理施工(图4.2.1-2)。

图4.2.1-1　清理基层　　　　　　图4.2.1-2　涂刷界面剂

### 4.2.2　板缝和板面处理

1　弹性防水膜的调配,见附录B.0.13。

2　轻质墙体板接缝涂刷方法

将网布和无纺布裁切成条状,宽度与表面需粘贴的石板的横向宽度保持相同或略大(图4.2.2-1、图4.2.2-2)。

用毛刷将防水膜浆料均匀地涂布于板与板、板与墙面或柱子的接缝部位的两边,厚度在0.5mm左右,宽度最小需保持与网布的宽度相同。将网布压在防水膜表面,刮平压实(图4.2.2-3)。表面再涂刷一遍防水膜,厚度0.5mm左右。自然养护一天后,再按相同的方法将无纺布粘贴到接缝部位(图4.2.2-4)。干燥后的涂膜总厚度应不小于1.5mm,自然养护1~2天后即可进行粘贴施工。

图4.2.2-1　裁切网布　　图4.2.2-2　裁切无纺布　　图4.2.2-3　粘贴网布　　图4.2.2-4　粘贴无纺布

### 4.2.3　涂刷玻化砖背胶

1　玻化砖背胶的调配,见附录B.0.8。

2　玻化砖背胶涂刷方法

**涂刷前须先清理玻化砖粘结面,将玻化砖粘结面的灰尘、污物、油渍、脱模剂残留物等清理干净**(图4.2.3-1)。

将玻化砖平放在地面上,用毛刷将浆料均匀地涂布于玻化砖的粘结面,厚度控制在0.8~1.0mm,用量0.8~1.0kg/m²,常温下的表干时间在20~30分钟。表干后即可进行粘贴施工(图4.2.3-2)。

玻化砖四周溢出的浆料,在表干时可用美工刀或铲刀清理干净(图4.2.3-3)。

图 4.2.3-1　清理玻化砖　　　　　图 4.2.3-2　涂刷背胶　　　　　图 4.2.3-3　清理浆料

4.2.4　粘贴施工

1　基层处理

粘贴前需先对基层进行仔细检查。如基层表面有油脂、浮尘、疏松物等各种不利于粘结的物质,需清理后才可进行粘贴。基层和饰面材料均不需用水湿润,饰面材料的粘结面应保持清洁。

2　AD-6005 柔性胶粘剂的调配,见附录 B.0.7。

3　粘贴方法

根据放线位置和水平位置进行铺贴。用锯齿镘刀将浆料均匀地刮涂于玻化砖或基层的粘结面上(基层误差较大时,可在基层和玻化砖两边同时刮涂)(图 4.2.4-1、图 4.2.4-2),再将玻化砖按压到基层上面(图 4.2.4-3),用橡皮锤轻轻敲击、调整水平、摆正压实(图 4.2.4-4);也可按常规贴法将拌好的浆料直接涂抹于玻化砖的粘结面上,再用力按压到基层表面,摆正,刮去多余胶浆。

**玻化砖四周接缝部位的缝内挤压出的胶粘剂用铲刀等工具及时清理干净**(图 4.2.4-5)。

粘结层厚度在 5mm 左右时,每平方米胶粘剂用量约 8kg。

**根据玻化砖的规格大小合理设置接缝。**

玻化砖长度≤60cm,应设置不小于 1mm 的接缝;长度 >60cm,应设置不小于 1.5mm 的接缝(图 4.2.4-6)。

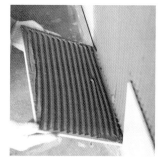

图 4.2.4-1　玻化砖批胶粘剂　　　图 4.2.4-2　墙面批胶粘剂　　　图 4.2.4-3　粘贴玻化砖

图 4.2.4-4　找平　　　　　　　图 4.2.4-5　清理接缝　　　　　　图 4.2.4-6　留缝

4.2.5 填缝施工

1 填缝时间应尽可能推迟,至少应在粘贴完成7天以后才可进行,填缝前应先清除缝隙里面的油脂、浮尘、疏松物等各种不利于填缝、影响粘结的杂质(图4.2.5-1);由于轻质墙体变形较大,在选择填缝材料时应使用柔性填缝剂或弹性硅酮胶进行填缝处理。

2 将AD-1027柔性填缝剂(墙面型)包装打开后,放入硅胶枪内,缓慢挤压到接缝中,填缝深度应不小于3mm,将接缝表面填平(图4.2.5-2)。

3 自然养护一天,待填缝剂完全固化后即可。

4 填缝剂包装打开后应尽快用完,粘在玻化砖接缝周围的浆料,在表干后可用铲刀清理干净,使缝表面保持平整、清洁(图4.2.5-3)。

图4.2.5-1 清缝　　　　　　图4.2.5-2 填缝　　　　　　图4.2.5-3 清理表面

## 5 材料与设备

### 5.1 材料

AD-1002爱迪混凝土界面剂,性能指标应符合附录A表A.0.12的规定。

AD-2002爱迪弹性防水膜I型,性能指标应符合附录A表A.0.13的规定。

AD-1022爱迪玻化砖背胶,性能指标应符合附录A表A.0.9的规定。

AD-6005爱迪柔性胶粘剂,性能指标应符合附录A表A.0.7的规定。

AD-1027爱迪柔性填缝剂(墙面型),性能指标应符合附录A表A.0.15的规定。

无纺布(≥30g/m²)。

耐碱网格布(单位面积质量≥145g/m²)。

### 5.2 设备

搅拌桶、电动搅拌器、毛刷、滚筒、铲刀、美工刀、批板、橡皮锤、水平尺、硅胶枪、锯齿镘刀(1cm×1cm)等。

## 6 施工质量控制

6.1 背胶涂刷前,须先将玻化砖背面的脱模剂残留物等严重影响粘结的污物清理干净。背胶施工完成后,应做好养护和成品保护工作,湿贴施工铺贴完一周内禁止淋水、敲击和碰撞。

6.2 拌好的浆料宜控制在2小时内用完,施工现场环境温度在5～35℃为宜。

6.3 胶粘剂和背胶应严格按规定的配比,使用电动搅拌工具搅拌均匀,施工时不宜添加其他材料和外加剂,拌和胶粘剂的水应使用清水。

6.4 每次施工完,可用清水清洗工具及设备。

6.5 玻化砖背胶、柔性胶粘剂、柔性填缝剂的碱性小于水泥,对皮肤影响较小,若不慎落入眼中,可用清水冲洗。

6.6 在背胶层还未充分干透前应避免淋雨,以免影响背胶成膜后的性能。

# 10  保温墙体天然石材湿贴施工方法

## 导　语

　　石材大量用于建筑装饰,除用其坚固、耐久、耐磨外,还有大气美观的品质,而采用传统湿贴方法的工程,经常存在一些问题,如天然石材主要存在水斑、泛碱、脱落等通病及大理石背网需铲除。石材湿贴施工常用防护剂作六面防护以解决石材水斑、泛碱等问题,但降低了石材的粘结强度;背网是为了防止石材大板在生产运输过程产生破损,在湿贴前必须铲除,否则影响粘结,如此费时费工又产生建筑垃圾。墙体保温是建筑节能的重要措施,保温墙体上因温度变化大而产生较大的温度应力,湿贴饰面易空鼓、脱落。上海爱迪技术发展有限公司在提出预防天然石材病变的"三要素五步骤"的基础上,根据保温墙体与天然石材的特点,推出保温墙体天然石材湿贴施工方法,对避免病变的产生、保证工程质量效果显著。

## 1　方法特点

1.1　基层柔性处理,接缝弹性处理;

1.2　石材背面涂背胶,柔性粘结;

1.3　拼缝尽量对齐,骑缝粘贴需设置弹性垫;

1.4　柔性填缝剂填缝。

## 2　适用范围

　　适用于纤维水泥板与保温材料复合的保温墙体上粘贴天然石材。

## 3　工艺原理

　　防水、增强与减少应力。在保温墙板上作柔性处理,柔性粘结,以减少应力。

### 3.1　防水

　　水斑、泛碱、起壳、开裂等许多问题与水有关;防水指做好石材背面的防水和其他面的防护。

### 3.2　增强

　　起壳、开裂、脱落等许多问题与强度有关,增强既是材料上的增强,又是系统的增强。材料的增强是针对石材,使石材的物理力学性能提高,不易开裂;系统的增强是针对系统,从基层到面层,整个系统稳定,石材不开裂、不起壳、不脱落。

### 3.3　减少应力

　　起壳、开裂、脱落等问题都因强度与应力的平衡被破坏所致。减少应力,是解决矛盾的重要措施。

　　防水、增强与减少应力,有一定的相关性,互相影响。如防水影响系统的强度(粘结强度),也影响系统的应力(湿度应力)。许多病变是在三个要素共同作用下发生的。掌控好三个要素,做到防水好、强度高、应力小,使系统在低应力状态下运行,对于预防石材通病非常重要。

### 3.4　采用弹性垫处理

　　保温墙体温度应力较大,易产生较大的变形,且变形在接缝处集中,面层与内部变化不一致,因此需柔性粘贴、柔性填缝、保温板接缝部位采用弹性垫处理。

## 4 施工工艺流程及操作要点

### 4.1 施工工艺流程

工具准备→保温墙体板面涂刷界面剂→板缝处理→石材背面涂刷石材防水背胶→粘贴施工→填缝施工→成品保护

### 4.2 操作要点

#### 4.2.1 保温墙体板面涂刷界面剂

1 防水界面剂调配,见附录 B.0.14。

2 保温墙体板面涂刷方法

涂刷前用刷子、铲刀等工具将板面的灰尘、污物、油渍等清理干净,使板的表面保持清洁(图 4.2.1-1、图 4.2.1-2)。

用毛刷将浆料均匀的涂布于板的表面,厚度在 1mm 左右,用量约 $1kg/m^2$(包括水泥和砂的总量),自然养护一天后即可进行板缝处理施工(图 4.2.1-3)。

图 4.2.1-1 清理基层(一) 图 4.2.1-2 清理基层(二) 图 4.2.1-3 涂刷界面剂

#### 4.2.2 板缝处理

1 弹性防水膜的调配,见附录 B.0.13。

2 保温墙体板接缝涂刷方法

将网布和无纺布裁切成条状,宽度与表面需粘贴的石板的横向宽度保持相同或略大(图 4.2.2-1、图 4.2.2-2)。

用毛刷将防水膜浆料均匀地涂刷于板与板、板与墙面或柱子的接缝部位的两边,厚度在 0.5mm 左右,宽度最小需保持与网布的宽度相同。将网布压在防水膜表面,刮平压实(图 4.2.2-3)。表面再涂刷一遍防水膜,厚度 0.5mm 左右。自然养护一天后,用同样的方法将无纺布压在板缝等部位,刮平压实,不要有气泡(图 4.2.2-4)。干燥后的涂膜总厚度应不小于 1.5mm,继续自然养护 1~2 天后即可进行板面的粘贴施工。

图 4.2.2-1 裁切网布 图 4.2.2-2 裁切无纺布 图 4.2.2-3 粘贴网布 图 4.2.2-4 粘贴无纺布

**4.2.3 涂刷石材防水背胶**

强度较高的石板（如花岗石等），可在石板的粘结面上直接涂刷 AD-8009；强度较低、裂纹较多的石板（如奥特曼、西米等），可采用 AD-8015 在石板的粘结面批涂网布进行增强。

1 工地现场涂刷石材背胶：

（1）背胶的调配，见附录 B.0.1。

（2）涂刷方法

涂刷前需先清理表面，将石板粘结面的灰尘、污物、油渍等清理干净（图 4.2.3-1）；

将石板平放在地面上，用毛刷将浆料均匀地涂布于石板的粘结面，厚度控制在 0.6～0.8mm，用量 0.8～1.0kg/m²，常温下的表干时间在 0.5～1 小时。自然养护一天后即可进行粘贴施工（图 4.2.3-2）。

石板四周溢出的浆料，在表干后可用美工刀或铲刀清理干净（图 4.2.3-3）。

图 4.2.3-1 清理石板　　　　图 4.2.3-2 涂刷背胶　　　　图 4.2.3-3 清理浆料

2 石材大板厂预先涂刷石材背胶

（1）背胶的调配，见附录 B.0.2。

（2）涂刷方法

批涂前用刷子、铲刀等工具将石板粘结面的灰尘、污物、油渍等清理干净，使石板的表面保持清洁（图 4.2.3-4）。

将石板平放在托架上，将预先裁切好的网布（图 4.2.3-5）按压在石板表面，倒适量的浆料在网布上，用批板将浆料均匀地批刮在整个石板表面（图 4.2.3-6），将网布全部覆盖，浆料厚度控制在 0.8mm 左右。通常批涂一遍即可，对洞石类的石材可预先在板面上直接批涂一遍背胶，后再按批网的方法刮涂一遍。用量 0.8～1.0kg/m²，常温下的表干时间在 0.5～1 小时。自然养护一天后即可进行粘贴施工。

石板四周溢出的浆料，在表干后可用美工刀或铲刀清理干净（图 4.2.3-7）。

图 4.2.3-4 清理石板　　图 4.2.3-5 裁切网布　　图 4.2.3-6 批刮背胶　　图 4.2.3-7 清理浆料

**4.2.4 粘贴施工**

1 基层处理

粘贴前需先对基层进行仔细检查。如基层表面有油脂、浮尘、疏松物等各种不利于粘结的物质，需清理后才可进行粘贴。基层和饰面材料均不需用水湿润,饰面材料的粘结面应保持清洁。

2 AD-6005 柔性胶粘剂的调配,见附录 B.0.7。

3 粘贴方法

根据放线位置和水平位置进行铺贴。用锯齿镘刀将浆料均匀地刮涂于基层或天然石材的粘结面上(基层误差较大时,可在基层和石板两边同时刮涂)(图 4.2.4-1、图 4.2.4-2),再将石板按压到基层上面(图 4.2.4-3),用橡皮锤轻轻敲击、调整水平、摆正压实(图 4.2.4-4);也可按常规贴法将拌好的浆料直接涂抹于天然石材的粘结面上,再用力按压到基层表面,摆正,刮去多余胶浆。

**石板四周接缝部位的缝内挤压出的胶粘剂用铲刀等工具及时清理干净**(图 4.2.4-5)。

粘结层厚度在 5mm 左右时,每平方米胶粘剂用量约 8kg。

**根据石板的品种和规格大小合理设置接缝。**

天然石材长度≤60cm,应设置不小于 1mm 的接缝;长度 > 60cm ,应设置不小于 1.5mm 的接缝(图 4.2.4-6)。

图 4.2.4-1 石板批胶粘剂　　　图 4.2.4-2 墙面批胶粘剂　　　图 4.2.4-3 粘贴石板

图 4.2.4-4 找平　　　　　　图 4.2.4-5 清理接缝　　　　　图 4.2.4-6 留缝

粘贴厚度在 5mm 左右时,每平方米胶粘剂用量约 8kg。

4.2.5 填缝施工

1 填缝时间应尽可能推迟,至少应在粘贴完成 7 天以后才可进行,填缝前应先清缝隙里面的油脂、浮尘、疏松物等各种不利于填缝、影响粘结的杂质(图 4.2.5-1);由于保温墙体温度应力较集中、变形较大,在选择填缝材料时应使用柔性填缝剂或弹性硅酮胶进行填缝处理。

2 不需打磨墙面:将 AD-1027 柔性填缝剂(墙面型)包装打开后,放入硅胶枪内,缓慢挤压到接缝中,填缝深度应不小于 3mm,将接缝表面填平,自然养护一天,待填缝剂完全固化后即可(图 4.2.5-2)。

3 需打磨墙面:AD-1026 柔性填缝剂的调配见附录 B.0.4,将填缝剂用铲刀或批板嵌入缝隙中,填缝深度应不小于 3mm,将缝隙表面填平(图 4.2.5-3),在自然条件下养护 2 ~ 3 天,待填缝剂完全固化后即可对石板进行打磨抛光或清理操作。

4 填缝剂包装打开后应在规定时间内用完,粘在石板接缝周围的浆料,在表干后可用铲刀清理干净,使缝表面保持平整、清洁(图 4.2.5-4)。

图 4.2.5-1　清缝　　　图 4.2.5-2　填缝(一)　　　图 4.2.5-3　填缝(二)　　　图 4.2.5-4　清理表面

## 5　材料与设备

### 5.1　材料

AD-1007 爱迪防水界面剂,性能指标应符合附录 A 表 A.0.14 的规定。

AD-2002 爱迪弹性防水膜 I 型,性能指标应符合附录 A 表 A.0.13 的规定。

AD-8015 爱迪石材防水背胶(背网专用),性能指标应符合附录 A 表 A.0.2 的规定。

AD-8009 爱迪石材防水背胶(多功能型),性能指标应符合附录 A 表 A.0.1 的规定。

AD-6005 爱迪柔性胶粘剂,性能指标应符合附录 A 表 A.0.7 的规定。

AD-1026 爱迪柔性填缝剂,性能指标应符合附录 A 表 A.0.4 的规定。

AD-1027 爱迪柔性填缝剂(墙面型),性能指标应符合附录 A 表 A.0.15 的规定。

无纺布($\geqslant 30g/m^2$)。

耐碱网格布(单位面积质量$\geqslant 145g/m^2$)。

### 5.2　设备

搅拌桶、电动搅拌器、毛刷、滚筒、铲刀、美工刀、批板、橡皮锤、水平尺、锯齿镘刀(1cm×1cm)等。

## 6　施工质量控制

6.1　施工完成后,应做好养护和成品保护工作,粘贴后的石板禁止敲击和碰撞,粘贴完一周内禁止淋水。

6.2　胶粘剂和背胶应严格按规定的配比,搅拌均匀,施工时不宜添加其他材料和外加剂,拌好的胶粘剂和背胶宜控制在 2 小时内用完,施工现场环境温度在 5 ~ 35℃为宜,每次施工完,可用清水清洗工具及设备。

6.3　石材防水背胶、柔性胶粘剂等材料的碱性小于水泥,对皮肤影响较小,若不慎落入眼中,可用清水冲洗。

6.4　石板的粘结面在粘结前不宜使用防护剂进行防护处理,否则易引起空鼓脱落。

6.5　在背胶层还未充分干透前应避免淋雨和阳光直射,以免影响背胶成膜后的性能,同时也要避免用尖锐的器具破坏背胶层。

6.6　石板粘结面如有树脂胶粘贴的背网,在涂刷背胶前需先用铲刀或其他工具清理干净。

6.7　已涂刷石材防水背胶的粘结面不需再做防护,只需做其他五面的防护即可进行粘贴施工。

6.8　石材防水背胶的涂层厚度应均匀,不得有遗漏或孔洞。

6.9　本施工方案是基于 AD 复合保温板系统表面湿贴天然石材专用方案,其他保温系统在应用时可参考本方案,但需考虑保温层和护面层材料的承重情况。

# 11  保温墙体玻化砖湿贴施工方法

## 导　语

玻化砖大量用于建筑装饰,除用其坚固、耐久、耐磨外,还有大气美观的品质,采用传统湿贴方法的工程,经常存在一些问题,主要存在空鼓、脱落等通病。墙体保温是建筑节能的重要措施,保温墙体上因温度变化大而产生较大的温度应力,湿贴饰面易空鼓、脱落。上海爱迪技术发展有限公司在提出预防玻化砖材病变的"二要素五步骤"的基础上,根据保温墙体与玻化砖的特点,推出保温墙体玻化砖湿贴施工方法,对避免病变的产生、保证工程质量效果显著。

## 1　方法特点

1.1　基层柔性处理,接缝弹性处理;

1.2　玻化砖背面涂背胶,柔性粘结;

1.3　拼缝尽量对齐,骑缝粘贴需设置弹性垫;

1.4　柔性填缝剂填缝。

## 2　适用范围

适用于纤维水泥板与保温材料复合的保温墙体上粘贴玻化砖等低吸水率瓷砖。

## 3　工艺原理

提高粘结力与减少破坏性应力。基层上做柔性处理,柔性粘结。

### 3.1　提高粘结力

玻化砖的破坏主要是玻化砖背面与粘结材料脱开,原因是玻化砖很致密,普通粘结材料不易与玻化砖牢固粘结,采用玻化砖背胶提高粘结材料与玻化砖之间的粘结力。

### 3.2　减少破坏性应力

玻化砖尺寸较大,弹性模量较大,温度变化、基层变形等产生的应力较大,减少破坏性应力,使系统应力小于强度,以保持系统的稳定。

### 3.3　采用弹性垫处理

保温墙体温度应力集中,易产生较大的变形,面层与内部变化不一致,因此需柔性粘贴、柔性填缝、保温板接缝部位采用弹性垫处理。

## 4　施工工艺流程及操作要点

### 4.1　施工工艺流程

工具准备→保温墙体板面涂刷界面剂→板缝处理→石材背面涂刷玻化砖背胶→粘贴施工→填缝施工→成品保护

4.2 操作要点

4.2.1 保温墙体板面涂刷界面剂

1 防水界面剂调配,见附录 B.0.14。

2 保温墙板面涂刷方法

涂刷前用刷子、铲刀等工具将板面的灰尘、污物、油渍等清理干净,使板的表面保持清洁(图 4.2.1-1、图 4.2.1-2)。

用毛刷或滚筒将浆料均匀地涂布于板的表面,厚度在 1mm 左右,用量约 1kg/m²(包括水泥和砂的总量),自然养护一天后即可进行板缝处理施工(图 4.2.1-3)。

图 4.2.1-1　清理基层(一)　　图 4.2.1-2　清理基层(二)　　图 4.2.1-3　涂刷界面剂

4.2.2 板缝处理

1 弹性防水膜的调配,见附录 B.0.13。

2 轻质墙体板接缝涂刷方法

将网布和无纺布裁切成条状,宽度与表面需粘贴的玻化砖的横向宽度保持相同或略大(图 4.2.2-1、图 4.2.2-2);用毛刷将防水膜浆料均匀地涂布于板与板、板与墙面或柱子的接缝部位的两边,厚度在 0.5mm 左右,宽度最小需保持与网布的宽度相同。将网布压在防水膜表面,刮平压实(图 4.2.2-3)。表面再涂刷一遍防水膜,厚度 0.5mm 左右。自然养护一天后,用同样的方法将无纺布压在板缝等部位,刮平压实,不要有气泡(图 4.2.2-4)。干燥后的涂膜总厚度应不小于 1.5mm,继续自然养护 1~2 天后即可进行板面的粘贴施工。

图 4.2.2-1　裁切网布　　图 4.2.2-2　裁切无纺布　　图 4.2.2-3　粘贴网布　　图 4.2.2-4　粘贴无纺布

4.2.3 涂刷玻化砖背胶

1 玻化砖背胶的调配,见附录 B.0.9。

2 玻化砖背胶涂刷方法

**涂刷前须先清理玻化砖粘结面,将玻化砖粘结面的灰尘、污物、油渍、脱模剂残留物等清理干净**(图 4.2.3-1)。

将玻化砖平放在地面上,用毛刷将浆料均匀地涂布于玻化砖的粘结面,厚度控制在 0.8~1.0mm,用量 0.8~1.0kg/m$^2$,常温下的表干时间在 20~30 分钟。表干后即可进行粘贴施工(图 4.2.3-2)。玻化砖四周溢出的浆料,在刚表干时可用美工刀或铲刀清理干净(图 4.2.3-3)。

图 4.2.3-1　清理玻化砖　　　图 4.2.3-2　涂刷背胶　　　图 4.2.3-3　清理浆料

### 4.2.4　粘贴施工

**1　基层处理**

粘贴前需先对基层进行仔细检查。如基层表面有油脂、浮尘、疏松物等各种不利于粘结的物质,需清理后才可进行粘贴。基层和饰面材料均不需用水湿润,饰面材料的粘结面应保持清洁。

**2　AD-6005 柔性胶粘剂的调配**,见附录 B.0.7。

**3　粘贴方法**

根据放线位置和水平位置进行铺贴。用锯齿镘刀将浆料均匀地刮涂于玻化砖或基层的粘结面上(基层误差较大时,可在基层和玻化砖两边同时刮涂)(图 4.2.4-1、图 4.2.4-2),再将玻化砖按压到基层上面(图 4.2.4-3),用橡皮锤轻轻敲击、调整水平、摆正压实(图 4.2.4-4);也可按常规贴法将拌好的浆料直接涂抹于玻化砖的粘结面上,再用力按压到基层表面,摆正,刮去多余胶浆。

**玻化砖四周接缝部位的缝内挤压出的胶粘剂用铲刀等工具及时清理干净**(图 4.2.4-5)。

图 4.2.4-1　玻化砖批胶粘剂　　　图 4.2.4-2　墙面批胶粘剂　　　图 4.2.4-3　粘贴玻化砖

 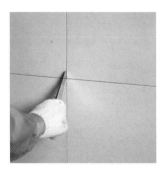 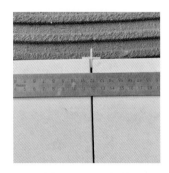

图 4.2.4-4　找平　　　图 4.2.4-5　清理接缝　　　图 4.2.4-6　留缝

粘结层厚度在 3~5mm 时,每平方米胶粘剂用量 5~8kg。

**根据玻化砖的规格大小合理设置接缝。**

玻化砖长度 ≤ 60cm,应设置不小于 1mm 的接缝;长度 > 60cm,应设置不小于 1.5mm 的接缝(图4.2.4-6)。

4.2.5 填缝施工

1 填缝时间应尽可能推迟,至少应在粘贴完成 7 天以后才可进行,填缝前应先清除缝隙里面的油脂、浮尘、疏松物等各种不利于填缝、影响粘结的杂质(图4.2.5-1);由于保温墙体温度应力较集中、变形较大,在选择填缝材料时应使用柔性填缝剂或弹性硅酮胶进行填缝处理。

2 将 AD-1027 柔性填缝剂(墙面型)包装打开后,放入硅胶枪内,缓慢挤压到接缝中,填缝深度应不小于 3mm,将接缝表面填平(图4.2.5-2)。

3 自然养护一天,待填缝剂完全固化后即可。

4 填缝剂包装打开后应尽快用完,粘在玻化砖接缝周围的浆料,在表干后可用铲刀清理干净,使缝表面保持平整、清洁(图4.2.5-3)。

图4.2.5-1 清缝

图4.2.5-2 填缝

图4.2.5-3 清理表面

# 5 材料与设备

## 5.1 材料

AD-1007 爱迪防水界面剂,性能指标应符合附录 A 表 A.0.14 的规定。

AD-2002 爱迪弹性防水膜 I 型,性能指标应符合附录 A 表 A.0.13 的规定。

AD-1022 爱迪玻化砖背胶,性能指标应符合附录 A 表 A.0.9 的规定。

AD-6005 爱迪柔性胶粘剂,性能指标应符合附录 A 表 A.0.7 的规定。

AD-1027 爱迪柔性填缝剂(墙面型),性能指标应符合附录 A 表 A.0.15 的规定。

无纺布(≥30g/m²)。

耐碱网格布(单位面积质量≥145g/m²)。

## 5.2 设备

搅拌桶、电动搅拌器、毛刷、滚筒、铲刀、美工刀、批板、橡皮锤、水平尺、锯齿镘刀(1cm×1cm)等。

# 6 施工质量控制

6.1 背胶涂刷前,须先将玻化砖背面的脱模剂残留物等严重影响粘结的污物清理干净。背胶施工完成后,应做好养护和成品保护工作,湿贴施工铺贴完一周内禁止淋水、禁止踩踏、敲击和碰撞。

6.2 拌好的浆料宜控制在 2 小时内用完,施工现场环境温度在 5~35℃为宜。

6.3 胶粘剂和背胶应严格按规定的配比,使用电动搅拌工具搅拌均匀,施工时不宜添加其他材料和外加剂,拌和胶粘剂的水应使用清水。

6.4 每次施工完,可用清水清洗工具及设备。

6.5 玻化砖背胶、柔性胶粘剂的碱性小于水泥,对皮肤影响较小,若不慎落入眼中,可用清水冲洗。

6.6 在背胶层还未充分干透前应避免淋雨,以免影响背胶成膜后的性能。

6.7 本施工方案是基于 AD-复合保温板系统表面湿贴玻化砖专用方案,其他保温系统在应用时可参考本方案,但需考虑保温层和护面层材料的承重情况。

# 12 地暖天然石材湿贴施工方法

## 导 语

石材大量用于建筑装饰,除用其坚固、耐久、耐磨外,还有大气美观的品质,而采用传统湿贴方法的工程,经常存在一些问题,如天然石材主要存在水斑、泛碱、脱落等通病及大理石背网需铲除。石材湿贴施工常用防护剂作六面防护以解决石材水斑、泛碱等问题,但降低了石材的粘结强度;背网是为了防止石材大板在生产运输过程产生破损,在湿贴前必须铲除,否则影响粘结,如此费时费工又产生建筑垃圾。地暖是为了提高住房舒适度而大量采用的提高室内温度的方法,但地暖地坪因温度变化大,温度应力大而引起湿贴材料空鼓、脱落。上海爱迪技术发展有限公司在提出预防天然石材病变的"三要素五步骤"的基础上,根据地暖与天然石材的特点,推出地暖天然石材湿贴施工方法,对避免病变的产生、保证工程质量效果显著。

## 1 方法特点

1.1 选择不易开裂的石材,提高抗开裂性;

1.2 石材背面涂背胶并批耐碱玻纤网,提高抗开裂性;

1.3 选择合适尺寸的石材,减小单块石材的应力;

1.4 柔性胶粘剂粘贴;

1.5 柔性填缝剂填缝。

## 2 适用范围

地暖地面粘贴天然石材。

## 3 工艺原理

防水、增强与减少应力。地暖上因温度变化较大,温度应力大,采用柔性处理,控制单块材料的尺寸,减小破坏性应力。

### 3.1 增强

起壳、开裂、脱落等许多问题与强度有关,增强既是材料上的增强,又是系统的增强。材料的增强是针对石材,使石材的物理力学性能提高,不易开裂;系统的增强是针对系统,从基层到面层,整个系统稳定,石材不开裂、不起壳、不脱落。

### 3.2 减少应力

起壳、开裂、脱落等问题都因强度与应力的平衡被破坏所致。减少应力,是解决矛盾的重要措施。

增强与减少应力,有一定的相关性,互相影响。许多病变是在两个要素共同作用下发生的。掌控好两个要素,做到强度高、应力小,使系统在低应力状态下运行,对于预防石材通病非常重要。

地暖上石材温度变化大,温度应力大,因此柔性处理、控制尺寸是降低应力的重要措施。

## 4 施工工艺流程及操作要点

### 4.1 施工工艺流程

工具准备→涂刷石材防水背胶→粘贴施工→填缝施工→成品保护

## 4.2 操作要点

### 4.2.1 涂刷石材防水背胶

针对裂纹较多、强度较低的天然大理石板,当粘贴基面为地暖地面时,考虑到地暖基面的温度变化比较大,石板的粘结面应使用耐碱型的背网进行增强处理,背网推荐采用规格不低于 $145g/m^2$ 耐碱玻璃纤维网格布。背胶的批涂建议在石板加工厂完成,具体操作步骤如下。

1 石材防水背胶的调配,见附录 B.0.2。

2 石板背面批涂方法

批涂前用刷子、铲刀等工具将石板粘结面的灰尘、污物、油渍、树脂背网等清理干净,使石板的表面保持清洁(图 4.2.1-1)。

将石板平放在托架上,将预先裁切好的网布(图 4.2.1-2)按压在石板表面,倒适量的浆料在网布上,用批板将浆料均匀地批刮在整个石板表面,将网布全部覆盖(图 4.2.1-3)。批涂普通的增强网布,浆料厚度控制在 0.8mm 左右;批涂耐碱型的增强网布,浆料厚度应不小于 1mm。对洞石类的石材可预先在板面上直接批涂一遍背胶,后再按批网的方法刮涂一遍,批涂耐碱型网布用量约 $1.5kg/m^2$。背胶涂层常温下的表干时间在 0.5~1 小时。对于石材大板,批涂后一到两天即可进行切割打磨;对于石材工程板,批涂后自然养护一天后即可进行粘贴施工。

石板四周溢出的浆料,在表干后可用美工刀或铲刀清理干净(图 4.2.1-4)。

 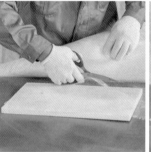  

图 4.2.1-1 清理石板　　图 4.2.1-2 裁切网布　　图 4.2.1-3 批刮背胶　　图 4.2.1-4 清理浆料

### 4.2.2 切割部位补防护

**石材除背面外的 5 个面应做好防护;如需现场切割,切割部位须补防护,且需等适当的防护期后再做粘贴。**

### 4.2.3 粘贴施工

1 基层处理

基层(包括地暖表面保护砂浆)应具有足够的强度,不应有起砂、起粉等现象。粘贴前先清理基层表面的油脂、浮尘、疏松物等各种不利于粘结的物质,基层和饰面材料均不需用水湿润,饰面材料的粘结面应保持清洁(图 4.2.3-1)。

2 胶粘剂的调配

(1)AD-6005 柔性胶粘剂,见附录 B.0.7。

(2)AD-1025R 双组分柔性胶粘剂,见附录 B.0.8。

地暖地面湿贴石材尺寸较大时(>1200mm)推荐使用柔韧性较好的 AD-1025R 双组分柔性胶粘剂进行粘贴。

图 4.2.3-1 清理基层

3 粘贴方法

(1)平整度较好的地面粘贴方法

根据放线位置和水平位置进行铺贴。先用锯齿镘刀将拌好的胶粘剂浆料均匀地刮涂于基层或天然石材的粘结面上（基层误差较大时，可在基层和石板两边同时刮涂）（图4.2.3-2、图4.2.3-3），再将石板按压到基层上面（图4.2.3-4），用橡皮锤轻轻敲击、调整水平、摆正压实（图4.2.3-6）；也可按常规贴法将拌好的浆料直接涂抹于天然石材的粘结面上，再用力按压到基层表面，摆正，刮去多余胶浆。

**石板四周接缝部位的缝内挤压出的胶粘剂用铲刀等工具及时清理干净**（图4.2.3-7）。

（2）平整度较差的地面粘贴方法：

根据放线位置和水平位置进行铺贴。先对基层表面作界面处理，再平铺一层1:3的半干水泥砂浆（手握成团，放下后散开），厚度3~5cm，用模板找平压实。再用锯齿镘刀将拌好的胶粘剂浆料均匀地刮涂于天然石材的粘结面上（图4.2.3-2），将石板按压在半干砂浆上面（图4.2.3-5），用橡皮锤轻轻敲击、调整水平、摆正压实（图4.2.3-6）。

**石板四周接缝部位的缝内挤压出的胶粘剂用铲刀等工具及时清理干净**（图4.2.3-7）。

粘结层粘贴厚度在3~5mm时，每平方米胶粘剂用量5~8kg。

**4.2.4　根据石板的规格大小合理设置接缝。**

考虑到地暖地面温差较大，会使石板产生较大的变形，因此应适当考虑增大石板间的接缝，天然石材长度≤60cm，应设置不小于1mm的接缝；长度>60cm，应设置不小于1.5mm的接缝（图4.2.4）。

图4.2.3-2　石板批胶粘剂　　图4.2.3-3　地面批胶粘剂　　图4.2.3-4　粘贴石板（一）　　图4.2.3-5　粘贴石板（二）

图4.2.3-6　找平　　　　　图4.2.3-7　清理接缝　　　　　图4.2.4　留缝

4.2.5　成品敞开式保护

**采用敞开式保护，石材上严禁覆盖塑料膜等不透气的材料，应自然敞开，或覆盖透气性的材料做成品保护**（图4.2.5-1、图4.2.5-2）。

4.2.6　填缝施工

1　填缝时间应尽可能推迟，至少应在粘贴完成14天以后才可进行，填缝前应用切割机做清缝处理，再用刷子清除灰尘（图4.2.6-1、图4.2.6-2）；由于地暖地面温度变化较大，在选择填缝材料时应使用柔性填缝剂进行填缝处理。

2　AD-1026柔性填缝剂的调配见附录B.0.4，将填缝剂用铲刀或批板将胶浆嵌入缝隙中，填缝深度应不小于3mm,将接缝表面填平(图4.2.6-3)。

3　在自然条件下养护2~3天,待填缝剂完全固化后即可对石板进行打磨抛光操作。

4　拌好的填缝剂胶浆宜控制在规定时间内用完,粘在石板表面的浆料,在未固化前可用铲刀清理干净。(图4.2.6-4)。

图4.2.5-1　错误的成品保护　　　　　图4.2.5-2　成品保护

图4.2.6-1　切割清缝　　图4.2.6-2　清理灰尘　　图4.2.6-3　填缝　　图4.2.6-4　清理表面

## 5　材料与设备

### 5.1　材料

AD-8015爱迪石材防水背胶(背网专用),性能指标应符合附录A表A.0.2的规定。

AD-6005爱迪柔性胶粘剂,性能指标应符合附录A表A.0.7的规定。

AD-1025R爱迪双组分柔性胶粘剂,性能指标应符合附录A表A.0.8的规定。

AD-1026爱迪柔性填缝剂,性能指标应符合附录A表A.0.4的规定。

耐碱网格布(单位面积质量≥145g/m²)。

### 5.2　设备

搅拌桶、电动搅拌器、切割机、毛刷、滚筒、铲刀、美工刀、批板、橡皮锤、水平尺、锯齿镘刀(1cm × 1cm)等。

## 6　施工质量控制

6.1　施工完成后,应做好养护和成品保护工作,铺贴后的石板表面应保持开放状态,使水气能快速挥发。铺贴完的表面不应覆盖塑料薄膜等阻挡水气挥发的材料。三天内不应上人作业,一周内禁止淋水、敲击和碰撞。

6.2　胶粘剂和背胶应严格按规定的配比,搅拌均匀,施工时不宜添加其他材料和外加剂,拌好的胶粘剂和背胶宜控制在2小时内用完,施工现场环境温度在5~35℃为宜,每次施工完,可用清水清洗工具及设备。

6.3 石材防水背胶、柔性胶粘剂及双组分柔性胶粘剂的碱性小于水泥,对皮肤影响较小,若不慎落入眼中,可用清水冲洗。

6.4 石板的粘结面在粘结前不宜使用防护剂进行防护处理,否则易引起空鼓脱落。

6.5 在背胶层还未充分干透前应避免淋雨和阳光直射,以免影响背胶成膜后的性能,同时也要避免用尖锐的器具破坏背胶层。

6.6 由于地暖地面本身温度变化较大,易产生较大的变形,因此在填缝时应采用柔性填缝剂嵌缝,以适应基层和石板的变形,绝不可采用刚性材料填缝。

6.7 石板粘结面如有树脂胶粘贴的背网,在批涂背胶前需先用铲刀或其他工具清理干净。

6.8 已涂刷石材防水背胶的粘结面不需再做此面防护,只需做其他五面的防护即可进行粘贴施工。

6.9 石材防水背胶的涂层厚度应均匀,不得有遗漏或孔洞。

# 13　地暖人造石材湿贴施工方法

## 导　语

人造石材用于建筑装饰,除大气美观外,还有舒适的脚感、可大量复制、环保、资源再利用等优点。采用传统湿贴方法的工程,经常存在一些问题,如人造石材主要存在起鼓、开裂、脱落等通病。地暖是为了提高住房舒适度而大量采用的提高室内温度的方法,但地暖地坪因温度变化大,温度应力大而引起湿贴材料空鼓、脱落。上海爱迪技术发展有限公司在提出预防人造石材病变的"三要素五步骤"的基础上,根据地暖与人造石材的特点,推出地暖人造石材湿贴施工方法,对避免病变的产生、保证工程质量效果显著。

## 1　方法特点

1.1　人造石材背面涂背胶,隔绝碱性水;

1.2　选择合适尺寸的石材,减小单块石材的应力;

1.3　柔性胶粘剂粘贴,柔性填缝剂填缝。

## 2　适用范围

地暖地面粘贴岗石、石英石等人造石材。

## 3　工艺原理

隔绝碱性水、提高粘结强度与减少应力。地暖上温度变化较大,温度应力大,采用柔性处理,控制单块材料的尺寸,减少破坏性应力。

3.1　隔绝碱性水

起壳、起鼓、翘曲、开裂等问题的产生,与碱性水对人造石材的腐蚀有关,隔绝碱性水,可以避免人造石材起鼓、开裂等问题的产生。

3.2　提高粘结强度

起壳、脱落等许多问题与粘结强度有关,提高粘结强度,从基层到面层,整个系统的粘结强度提高,使人造石材不起壳、不脱落。

3.3　减少应力

起壳、起鼓、翘曲、开裂等问题都因强度与应力的平衡被破坏所致。适当留缝、柔性填缝,是减少应力、解决矛盾的重要措施。

地暖上石材温度变化大,石材易起壳、脱落,因此增强与减少应力是重点。

## 4　施工工艺流程及操作要点

4.1　施工工艺流程

工具准备→涂刷人造石材防水背胶→粘贴施工→填缝施工→成品保护

### 4.2 操作要点

#### 4.2.1 涂刷人造石材防水背胶

1 人造石材防水背胶的调配,见附录 B.0.4。

2 人造石材防水背胶涂刷方法

涂刷前需先清理表面,将石板粘结面的灰尘、污物、油渍等清理干净(图 4.2.1-1)。

将石板平放在地面上,用毛刷将浆料均匀地涂布于石板的粘结面,厚度控制在 0.6～0.8mm,背胶用量 0.8～1.0kg/m²,常温下的表干时间在 0.5～1 小时。自然养护一天后即可进行粘贴施工(图 4.2.1-2)。

石板四周溢出的浆料,在表干后可用美工刀或铲刀清理干净(图 4.2.1-3)。

图 4.2.1-1 清理石板　　　　图 4.2.1-2 涂刷背胶　　　　图 4.2.1-3 清理浆料

#### 4.2.2 侧面做防护

**采用大颗粒天然石做骨料的人造石材,侧面宜做防护。**

#### 4.2.3 粘贴施工

1 基层处理

基层(包括地暖表面保护砂浆)应具有足够的强度,不应有起砂、起粉等现象。粘贴前先清理基层表面的油脂、浮尘、疏松物等各种不利于粘结的物质,基层和饰面材料均不需用水湿润,饰面材料的粘结面应保持清洁(图 4.2.3-1)。

2 胶粘剂的调配

(1)AD-6005 柔性胶粘剂的调配,见附录 B.0.7。

(2)AD-1025R 双组分柔性胶粘剂的调配,见附录 B.0.8。

地暖地面湿贴石材推荐使用柔韧性较好的 AD-1025R 双组分柔性胶粘剂进行粘贴。

3 粘贴方法

(1)平整度较好的地面粘贴方法

根据放线位置和水平位置进行铺贴。先用锯齿镘刀将拌好的胶粘剂浆料均匀地刮涂于基层或人造石材的粘结面上(基层误差较大时,可在基层和石板两边同时刮涂)(图 4.2.3-2、图 4.2.3-3),再将石板按压到基层上面(图 4.2.3-4),用橡皮锤轻轻敲击、调整水平、摆正压实(图 4.2.3-6);也可按常规贴法将拌好的浆料直接涂抹于人造石材的粘结面上,再用力按压到基层表面,摆正,刮去多余胶浆。

**石板四周接缝部位的缝内挤压出的胶粘剂用铲刀等工具及时清理干净**(图 4.2.3-7)。

(2)平整度较差的地面粘贴方法

根据放线位置和水平位置进行铺贴。先对基层表面做界面处理,再平铺一层 1:3 的半干水泥砂浆(手握成团,放下后散开),厚度 3～5cm,用模板找平压实。再用锯齿镘刀将拌好的胶粘剂浆料均匀地刮涂于人造石材的粘结面上(图 4.2.3-2),将石板按压在半干砂浆上面(图 4.2.3-5),用橡皮锤轻轻敲击、调整水平、摆正压实(图4.2.3-6)。

**石板四周接缝部位的缝内挤压出的胶粘剂用铲刀等工具及时清理干净**(图4.2.3-7)。

粘结层粘贴厚度在5mm左右时,每平方米胶粘剂用量约8kg。

图4.2.3-1 清理基面

图4.2.3-2 石板批胶粘剂

图4.2.3-3 地面批胶粘剂

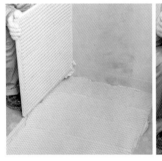
图4.2.3-4 粘贴石板(一)

图4.2.3-5 粘贴石板(二)

图4.2.3-6 找平

图4.2.3-7 清理接缝

**4.2.4 根据石板的品种和规格大小合理设置接缝。**

考虑到地暖地面温差较大,会使石板产生较大的变形,因此应适当考虑增大石板间的接缝(图4.2.4)。

岗石长度≤60cm,石英石长度≤30cm,应设置不小于2mm的接缝。

岗石长度≤120cm,石英石长度≤60cm,应设置不小于3mm的接缝。

岗石长度>120cm,石英石长度>60cm,应设置不小于4mm的接缝。

4.2.5 成品敞开式保护

**人造石材铺贴完后,人造石材上严禁覆盖塑料膜等不透气的材料,应自然敞开,或覆盖具有透气性的材料作成品保护。**(图4.2.5-1、图4.2.5-2)。

4.2.6 填缝施工

1 填缝时间应尽可能推迟,至少应在粘贴完成14天以后才可进行,填缝前应用切割机做清缝处理,再用刷子清除灰尘(图4.2.6-1、图4.2.6-2);由于地暖地面温度变化较大,在选择填缝材料时应使用柔性填缝剂进行填缝处理。

2 AD-1026柔性填缝剂的调配见附录B.0.4,将填缝剂用铲刀或批板将胶浆嵌入缝隙中,填缝深度应不小于3mm,将接缝表面填平(图4.2.6-3)。

3 在自然条件下养护2~3天,待填缝剂完全固化后即可对石板进行打磨抛光操作。

4 拌好的填缝剂胶浆宜控制在规定时间内用完,粘在石板表面的浆料,在未固化前可用铲刀清理干净。填缝深3mm、宽3mm,每千克填缝剂约可填60m长的缝(图4.2.6-4)。

图 4.2.4　留缝　　　　　图 4.2.5-1　错误的成品保护　　　　图 4.2.5-2　成品保护

图 4.2.6-1　切割清缝　　图 4.2.6-2　清理灰尘　　图 4.2.6-3　填缝　　图 4.2.6-4　清理表面

## 5　材料与设备

### 5.1　材料

AD-8011 爱迪人造石材防水背胶,性能指标应符合附录 A 表 A.0.5 的规定。

AD-6005 爱迪柔性胶粘剂,性能指标应符合附录 A 表 A.0.7 的规定。

AD-1025R 爱迪双组分柔性胶粘剂,性能指标应符合附录 A 表 A.0.8 的规定。

AD-1026 爱迪柔性填缝剂,性能指标应符合附录 A 表 A.0.4 的规定。

耐碱网格布(单位面积质量≥145g/m²)。

### 5.2　设备

搅拌桶、电动搅拌器、切割机、毛刷、滚筒、铲刀、美工刀、批板、橡皮锤、水平尺、锯齿镘刀(1cm×1cm)等。

## 6　施工质量控制

6.1　施工完成后,应做好养护和成品保护工作,铺贴后的石板表面应保持开放状态,使水气能快速挥发。铺贴完的表面不应覆盖塑料薄膜等阻挡水气挥发的材料。三天内不应上人作业,一周内禁止淋水、敲击和碰撞。

6.2　胶粘剂和背胶应严格按规定的配比,搅拌均匀,施工时不宜添加其他材料和外加剂,拌好的胶粘剂和背胶宜控制在 2 小时内用完,施工现场环境温度在 5～35℃ 为宜,每次施工完,可用清水清洗工具及设备。

6.3　人造石材防水背胶、柔性胶粘剂及双组分柔性胶粘剂的碱性小于水泥,对皮肤影响较小,若不慎落入眼中,可用清水冲洗。

6.4　石板的粘结面在粘结前不宜使用防护剂进行防护处理,否则易引起空鼓脱落。

6.5　在背胶层还未充分干透前应避免淋雨和阳光直射,以免影响背胶成膜后的性能,同时也要避免用尖锐的器具破坏背胶层。

6.6 由于地暖地面本身温度变化较大,易产生较大的变形,因此在填缝时应采用柔性填缝剂嵌缝,以适应基层和石板的变形,绝不可采用刚性材料填缝。

6.7 已涂刷人造石材防水背胶的粘结面不需再做此面防护,只需做其他五面的防护即可进行粘贴施工。

6.8 人造石材防水背胶的涂层厚度应均匀,不得有遗漏或孔洞。

# 14 地暖玻化砖湿贴施工方法

## 导 语

玻化砖大量用于建筑装饰,除用其坚固、耐久、耐磨外,还有大气美观的品质,采用传统湿贴方法的工程,经常存在一些问题,主要存在空鼓、脱落等通病。地暖是为了提高住房舒适度而大量采用的提高室内温度的方法,但地暖地坪因温度变化大,温度应力大而引起湿贴材料空鼓、脱落。上海爱迪技术发展有限公司在提出预防玻化砖病变的"二要素五步骤"的基础上,根据地暖与玻化砖的特点,推出地暖玻化砖湿贴施工方法,对避免病变的产生、保证工程质量效果显著。

## 1 方法特点

1.1 玻化砖背面涂背胶;

1.2 柔性胶粘剂粘贴,柔性填缝剂填缝;

1.3 选择合适尺寸的玻化砖,减小单块玻化砖的应力。

## 2 适用范围

地暖地面粘贴玻化砖等低吸水率砖。

## 3 工艺原理

提高粘结力与减少破坏性应力。地暖上温度变化较大,温度应力大,采用柔性粘贴,控制单块材料的尺寸,减少破坏性应力。

### 3.1 提高粘结力

玻化砖的破坏主要是玻化砖背面与粘结材料脱开,原因是玻化砖很致密,普通粘结材料不易与玻化砖牢固粘结,采用玻化砖背胶提高粘结材料与玻化砖之间的粘结力。

### 3.2 减少破坏性应力

玻化砖尺寸较大,弹性模量较大,温度变化、基层变形等产生的应力较大,减少破坏性应力,使系统应力小于强度,以保持系统的稳定。

地暖上玻化砖,温度变化大,易空鼓、开裂,因此柔性处理、控制尺寸、减少应力是重点。

## 4 施工工艺流程及操作要点

### 4.1 施工工艺流程

工具准备→涂刷玻化砖背胶→粘贴施工→填缝施工→成品保护

### 4.2 操作要点

#### 4.2.1 涂刷玻化砖背胶

1 玻化砖背胶的调配,见附录 B.0.9。

2 玻化砖背胶涂刷方法

**涂刷前须先清理玻化砖粘结面,将玻化砖粘结面的灰尘、污物、油渍、脱模剂残留物等清理干净**(图4.2.1-1)。

将玻化砖平放在地面上,用毛刷或滚筒将浆料均匀地涂布于玻化砖的粘结面,厚度控制在0.8~1.0mm,用量0.8~1.0kg/m²,常温下的表干时间在20~30分钟。表干即可进行粘贴施工(图4.2.1-2)。

玻化砖四周溢出的浆料,在刚表干时可用美工刀或铲刀清理干净(图4.2.1-3)。

图4.2.1-1  清理玻化砖　　　图4.2.1-2  涂刷背胶　　　图4.2.1-3  清理浆料

4.2.2  粘贴施工

1  基层处理

基层(包括地暖表面保护砂浆)应具有足够的强度,不应有起砂、起粉等现象。粘贴前先清理基层表面的油脂、浮尘、疏松物等各种不利于粘结的物质,基层和饰面材料均不需用水湿润,饰面材料的粘结面应保持清洁(图4.2.2-1)。

2  胶粘剂的调配

(1)AD-6005柔性胶粘剂的调配,见附录B.0.7。

(2)AD-1025R双组分柔性胶粘剂的调配,见附录B.0.8。

图4.2.2-1  清理基面　　　图4.2.2-2  玻化砖批胶粘剂　　　图4.2.2-3  地面批胶粘剂

　　　　　　　　　　　　　　　　　　　图4.2.2-6  找平　　　图4.2.2-7  清理接缝

图4.2.2-4  粘贴　　　图4.2.2-5  粘贴

玻化砖(一)　　　玻化砖(二)

地暖地面湿贴玻化砖尺寸较大时(>1000mm)推荐使用柔韧性较好的 AD-1025R 双组分柔性胶粘剂进行粘贴。

3 粘贴方法

(1)平整度较好的地面粘贴方法

根据放线位置和水平位置进行铺贴。先用锯齿镘刀将拌好的胶粘剂浆料均匀地刮涂于玻化砖或基层的粘结面上(基层误差较大时,可在基层和玻化砖两边同时刮涂)(图 4.2.2-2、图 4.2.2-3),再将玻化砖按压到基层上面(图 4.2.2-4),用橡皮锤轻轻敲击、调整水平、摆正压实(图 4.2.2-6);也可按常规贴法将拌好的浆料直接涂抹于玻化砖的粘结面上,再用力按压到基层表面,摆正,刮去多余胶浆。

**玻化砖四周接缝部位的缝内挤压出的胶粘剂用铲刀等工具及时清理干净**(图 4.2.2-7)。

(2)平整度较差的地面粘贴方法

根据放线位置和水平位置进行铺贴。先对基层表面做界面处理,再平铺一层 1:3 的半干水泥砂浆(手握成团,放下后散开),厚度 3~5cm,用模板找平压实。再用锯齿镘刀将拌好的胶粘剂浆料均匀地刮涂于玻化砖的粘结面上(图 4.2.2-2),将玻化砖按压在半干砂浆上面(图 4.2.2-5),用橡皮锤轻轻敲击、调整水平、摆正压实(图 4.2.2-6)。

**玻化砖四周接缝部位的缝内挤压出的胶粘剂用铲刀等工具及时清理干净**(图 4.2.2-7)。

粘结层粘贴厚度在 5mm 左右时,每平方米胶粘剂用量约 8kg。

**4.2.3 根据玻化砖的规格大小合理设置接缝**

考虑到地暖地面温差较大,会使玻化砖产生较大的变形,因此应适当考虑增大玻化砖间的接缝。玻化砖长度≤60cm,应设置不小于 1mm 的接缝,>60cm,应设置不小于 1.5mm 的接缝(图 4.2.3)。

4.2.4 填缝施工

1 填缝时间应尽可能推迟,至少应在粘贴完成 14 天以后才可进行,填缝前应用刷子先清除缝隙里面的油脂、浮尘、疏松物等各种不利于填缝、影响粘结的杂质(图 4.2.4-1);由于地暖地面温度变化较大,在选择填缝材料时应使用柔性填缝剂进行填缝处理。

2 AD-1026 柔性填缝剂的调配见附录 B.0.4,将填缝剂用铲刀或批板将胶浆嵌入缝隙中,填缝深度应不小于 3mm,将接缝表面填平(图 4.2.4-2)。

3 在自然条件下养护 2~3 天,待填缝剂完全固化后即可。

4 拌好的填缝剂胶浆宜控制在规定时间内用完,粘在玻化砖表面的浆料,在未固化前可用铲刀清理干净。填缝深 3mm、宽 3mm,每千克填缝剂约可填 60m 长的缝(图 4.2.4-3)。

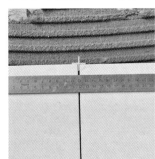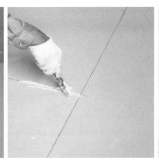

图 4.2.3 留缝　　图 4.2.4-1 清理接缝　　图 4.2.4-2 填缝　　图 4.2.4-3 清理表面

# 5 材料与设备

## 5.1 材料

AD-1022 爱迪玻化砖背胶,性能指标应符合附录 A 表 A.0.9 的规定。

AD-6005 爱迪柔性胶粘剂,性能指标应符合附录 A 表 A.0.7 的规定。

AD-1025R 爱迪双组分柔性胶粘剂,性能指标应符合附录 A 表 A.0.8 的规定。

AD-1026 爱迪柔性填缝剂,性能指标应符合附录 A 表 A.0.4 的规定。

耐碱网格布(单位面积质量≥145g/m²)。

## 5.2 设备

搅拌桶、电动搅拌器、切割机、毛刷、滚筒、铲刀、美工刀、批板、橡皮锤、水平尺、锯齿镘刀(1cm×1cm)等。

## 6 施工质量控制

6.1 施工完成后,应做好养护和成品保护工作,铺贴后的玻化砖表面应保持开放状态,使水气快速挥发。铺贴完的表面不应覆盖塑料薄膜等阻挡水气挥发的材料。三天内不应上人作业,一周内禁止淋水、敲击和碰撞。

6.2 胶粘剂和背胶应严格按规定的配比,搅拌均匀,施工时不宜添加其他材料和外加剂,拌好的胶粘剂和背胶宜控制在 2 小时内用完,施工现场环境温度在 5～35℃为宜,每次施工完,可用清水清洗工具及设备。

6.3 玻化砖背胶、柔性胶粘剂及双组分柔性胶粘剂的碱性小于水泥,对皮肤影响较小,若不慎落入眼中,可用清水冲洗。

6.4 玻化砖背胶涂刷前,须先将玻化砖背面的脱模剂残留物等严重影响粘结的污物清理干净。

6.5 在背胶层还未充分干透前应避免淋雨,以免影响背胶成膜后的性能。

6.6 由于地暖地面本身温度变化较大,易产生较大的变形,因此在填缝时应采用柔性填缝剂嵌缝,以适应基层和玻化砖的变形,绝不可采用刚性材料填缝。

6.7 玻化砖背胶的涂层厚度应均匀,不得有遗漏或孔洞。

# 15　潮湿地面天然石材湿贴施工方法

## 导　语

石材大量用于建筑装饰,除用其坚固、耐久、耐磨外,还有大气美观的品质,而采用传统湿贴方法的工程,经常存在一些问题,如天然石材主要存在水斑、泛碱、脱落等通病及大板背网需铲除。石材湿贴施工常用防护剂作六面防护以解决石材水斑、泛碱等问题,但降低了石材的粘结强度;背网是为了防止石材大板在生产运输过程产生破损,在湿贴前必须铲除,否则影响粘结,如此费时费工又产生建筑垃圾。上海爱迪技术发展有限公司在提出预防天然石材病变的"三要素五步骤"的基础上,根据天然石材的特点,推出潮湿地面天然石材湿贴施工方法,对避免病变的产生、保证工程质量效果显著。

## 1　方法特点

1.1　石材背面涂背胶,其他五面做油性防护,切割部位补防护;

1.2　半干砂浆找平,专用石材胶粘剂粘贴;

1.3　敞开式保护,缓填缝,柔性填缝。

## 2　适用范围

适用于地铁、地下室等长期较潮湿的地面直接铺贴天然石材。

## 3　工艺原理

防水、增强与减少应力。

### 3.1　防水

水斑、泛碱、起壳、开裂等许多问题与水有关,防水既是材料上的防水,又是系统的防水。材料的防水是要做好石材的防护,系统的防水是在石材防护的基层上,考虑整体的防水,防止与疏导相结合,进行整体安排。

### 3.2　增强

起壳、开裂、脱落等许多问题与强度有关,增强既是材料上的增强,又是系统的增强。材料的增强是针对石材,使石材的物理力学性能提高,不易开裂;系统的增强是针对系统,从基层到面层,整个系统稳定,石材不开裂、不起壳、不脱落。

### 3.3　减少应力

起壳、开裂、脱落等问题都因强度与应力的平衡被破坏所致。减少应力,是解决矛盾的重要措施。尤其作为刚性系统,应力作用往往很大,控制应力非常重要。

增强与减少应力,有一定的相关性,互相影响。许多病变是在两个要素共同作用下发生的。掌控好两个要素,做到强度高、应力小,使系统在低应力状态下运行,对于预防石材通病非常重要。

### 3.4　基层特点

基层长期潮湿时,石板因吸水较大,对防水要求较高,处理不当易出现水斑、泛碱等病变。因此石板背面需先用背胶进行防水处理,侧面和正面选择防护效果较好的油性防护剂处理,切割部位需及时补做防护。

## 4 施工工艺流程及操作要点

### 4.1 施工工艺流程

工具准备→涂刷石材防水背胶→其他面防护处理→粘贴施工→填缝施工→成品保护

### 4.2 操作要点

#### 4.2.1 石材防水背胶的调配

**1 工地现场涂刷石材背胶**

(1)背胶的调配,见附录 B.0.1。

(2)涂刷方法

涂刷前需先清理表面,将石板粘结面的灰尘、污物、油渍等清理干净;涂刷二遍,第二遍在第一遍表干后再涂刷(图4.2.1-1)。

将石板平放在地面上,用毛刷将浆料均匀地涂布于石板的粘结面,厚度控制≥1.5mm,用量2.0~2.5kg/m²。自然养护1~2天后,对石板的正面和侧面进行防护处理(图4.2.1-2)。

石板四周溢出的浆料,在表干后可用美工刀或铲刀清理干净(图4.2.1-3)。

图4.2.1-1 清理石板　　　　图4.2.1-2 涂刷背胶　　　　图4.2.1-3 清理浆料

**2 石材大板厂预先涂刷石材背胶**

(1)背胶的调配,见附录 B.0.2。

(2)涂刷方法

批涂前用刷子、铲刀等工具将石板粘结面的灰尘、污物、油渍等清理干净,使石板的表面保持清洁(图4.2.1-4)。

大理石:将石板平放在托架上,将预先裁切好的网布(图4.2.1-5)按压在石板表面,倒适量的浆料在网布上,用批板将浆料均匀地批刮在整个石板表面,将网布全部覆盖,浆料厚度控制在1mm左右。表干后再批涂一遍,控制总厚度≥1.5mm,用量2.0~2.5kg/m²,表干后即可收板(图4.2.1-6)。

花岗岩:将石板平放在托架上,倒适量的浆料在石板上,用批板将浆料均匀地批刮在整个石板表面,批涂2~3遍,控制浆料总厚度≥1.5mm,用量2.0~2.5kg/m²,表干后即可收板(图4.2.1-2)。

石板四周溢出的浆料,在表干后可用美工刀或铲刀清理干净(图4.2.1-7)。

石板粘贴前,需等石板内部多余的水分挥发完毕后,先对石板的侧面和正面进行防护处理后,才可进行粘贴。

图4.2.1-4　清理石板　　图4.2.1-5　裁切网布　　图4.2.1-6　批刮背胶　　图4.2.1-7　清理浆料

### 4.2.2　其他面防护处理

1　防护处理前,需先将石板内部多余的水分晾干。

2　建议选择防护效果更好的油性防护剂进行侧面和正面的防护处理。

3　用毛刷将防护剂均匀地涂刷在石板的正面和侧面。

4　建议涂刷2~3遍,第二遍在第一遍涂完后还未干的时候马上补刷。

5　石材除背面的5个面应做好防护;如需现场切割,且须等适当的养护期后再做粘贴。

### 4.2.3　粘贴施工

1　基层处理

粘贴前需先对基层地面进行仔细检查,基层地面或找平层表面需具有足够的强度。对基层表面的油脂、浮尘、疏松物等各种不利于粘结的物质,需清理后才可进行粘贴。基层和饰面材料均不需用水湿润,饰面材料的粘结面应保持清洁(图4.2.3-1)。

2　AD-1013石材胶粘剂的调配,见附录B.0.3。

3　粘贴方法

(1)平整度较好的地面粘贴方法

根据放线位置和水平位置进行铺贴。用锯齿镘刀将浆料均匀地刮涂于基层或天然石材的粘结面上(基层误差较大时,可在基层和石板两边同时刮涂)(图4.2.3-2、图4.2.3-3),再将石板按压到基层上面(图4.2.3-4),用橡皮锤轻轻敲击、调整水平、摆正压实(图4.2.3-6);也可按常规贴法将拌好的浆料直接涂抹于天然石材的粘结面上,再用力按压到基层表面,摆正,刮去多余胶浆。

**石板四周接缝部位的缝内挤压出的胶粘剂用铲刀等工具及时清理干净**(图4.2.3-7)。

(2)平整度较差的地面粘贴方法

根据放线位置和水平位置进行铺贴。先对基层表面做界面处理,再平铺一层1:3的半干水泥砂浆(手握成团,放下后散开)、厚度3~5cm,用模板找平压实。再用锯齿镘刀将浆料均匀刮涂于天然石材的粘结面上(图4.2.3-2),将石板按压在半干砂浆上面(参见图4.2.3-5),用橡皮锤轻轻敲击、调整水平、摆正压实(图4.2.3-6)。

石板四周接缝部位的缝内挤压出的胶粘剂用铲刀等工具及时清理干净(图4.2.3-7)。

图4.2.3-1　清理基面　　　　图4.2.3-2　石板批胶粘剂　　　图4.2.3-3　地面批胶粘剂

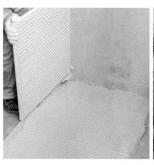

图 4.2.3-4　粘贴石板(一)　　图 4.2.3-5　粘贴石板(二)　　图 4.2.3-6　找平　　　图 4.2.3-7　清理接缝

粘结层厚度在 3～5mm 时,每平方米胶粘剂用量 5～8kg。

在粘贴中,切割后的石板,需对切割后的部位及时补做防护处理,并经适当养护之后才可进行粘贴。

### 4.2.4　留缝

**根据石板的规格大小合理设置接缝。天然石材长度≤60cm,应设置不小于 0.5mm 的接缝;长度>60cm,应设置不小于 1mm 的接缝(图 4.2.4)。**

### 4.2.5　成品敞开式保护

**采用敞开式保护,石材上严禁覆盖塑料膜等不透气的材料,应自然敞开,或覆盖透气性的材料做成品保护。**(图 4.2.5-1、图 4.2.5-2)

### 4.2.6　填缝施工

1　填缝施工应在粘贴完成至少 14 天以后才可进行,填缝前应用切割机做清缝处理,再用刷子清除灰尘(图 4.2.6-1、图 4.2.6-2);可使用普通的填缝材料进行嵌缝处理,也可采用柔性填缝剂进行填缝处理。

2　将云石胶或 AD-1026 柔性填缝剂(填缝剂的调配见附录 B.0.4),用铲刀或批板将胶浆嵌入缝隙中,将缝隙表面填平(图 4.2.6-3)。

3　在自然条件下养护 2～3 天,待填缝剂完全固化后即可对石板进行打磨抛光操作。

4　拌好的填缝剂胶浆宜控制在规定时间内用完,粘在石板表面的浆料,在未固化前可用铲刀清理干净。(图 4.2.6-4)。

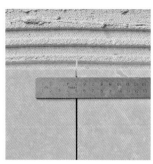

图 4.2.4　留缝　　　　　图 4.2.5-1　错误的成品保护　　　图 4.2.5-2　成品保护

   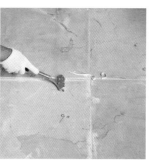

图 4.2.6-1　切割清缝　　　图 4.2.6-2　清理灰尘　　　图 4.2.6-3　填缝　　　图 4.2.6-4　清理表面

## 5　材料与设备

### 5.1　材料

AD-8009 爱迪石材防水背胶,性能指标应符合附录 A 表 A.0.1 的规定。

AD-8015 爱迪石材防水背胶(背网专用),性能指标应符合附录 A 表 A.0.2 的规定。

AD-1013 爱迪天然石材胶粘剂,性能指标应符合附录 A 表 A.0.3 的规定。

AD-1026 爱迪柔性填缝剂,性能指标应符合附录 A 表 A.0.4 的规定。

### 5.2　设备

搅拌桶、电动搅拌器、切割机、毛刷、滚筒、铲刀、美工刀、批板、橡皮锤、水平尺、锯齿镘刀(1cm × 1cm)等。

## 6　施工质量控制

6.1　施工完成后,应做好养护和成品保护工作,铺贴后的石板表面应保持开放状态,使水气能快速挥发。铺贴完的表面不应覆盖塑料薄膜等阻挡水气挥发的材料。三天内不应上人作业,一周内禁止淋水、敲击和碰撞。

6.2　胶粘剂和背胶应严格按规定的配比,搅拌均匀,施工时不宜添加其他材料和外加剂,拌好的胶粘剂和背胶宜控制在 2 小时内用完,施工现场环境温度在 5 ~ 35℃ 为宜,每次施工完,可用清水清洗工具及设备。

6.3　石材防水背胶、石材胶粘剂及柔性填缝剂等材料的碱性小于水泥,对皮肤影响较小,若不慎落入眼中,可用清水冲洗。

6.4　石板的粘结面在粘结前不宜使用防护剂进行防护处理,否则易引起空鼓脱落。

6.5　在背胶层还未充分干透前应避免淋雨和阳光直射,以免影响背胶成膜后的性能,同时也要避免用尖锐的器具破坏背胶层。

6.6　石板粘结面如有树脂胶粘贴的背网,在涂刷背胶前需先用铲刀或其他工具清理干净。

6.7　已涂刷石材防水背胶的粘结面不需再做防护,只需做其他五面的防护即可进行粘贴施工。

6.8　石材防水背胶的涂层厚度应均匀,不得有遗漏或孔洞。切割后的石板,切割部位必须补做防护后才可粘贴。石板的侧面和正面建议选择防护效果较好的油性防护剂进行处理。

6.9　石板正面和侧面需先等石板内部多余的水分晾干后才可进行防护处理。

# 16  木板面天然石材湿贴施工方法

**导　语**

石材大量用于建筑装饰,除用坚固、耐久、耐磨外,还有其大气美观的品质,而采用传统湿贴方法的工程,经常存在一些问题,如天然石材主要存在水斑、泛碱、脱落等通病及大板背网需铲除。石材湿贴施工常用防护剂作六面防护以解决石材水斑、泛碱等问题,但降低了石材的粘结强度;背网是为了防止石材大板在生产运输过程产生破损,在湿贴前必须铲除,否则影响粘结,如此费时费工又产生建筑垃圾。木板易吸水易变形,在木板上湿贴,饰面易空鼓脱落。上海爱迪技术发展有限公司在提出预防天然石材病变的"三要素五步骤"的基础上,根据木板与天然石材的特点,推出木板面天然石材湿贴施工方法,对避免病变的产生、保证工程质量效果显著。

## 1　方法特点

1.1　基层整体柔性处理、防水处理;

1.2　石材背面涂背胶,柔性粘结;

1.3　柔性填缝。

## 2　适用范围

木板类木板墙体上粘贴花岗石、大理石等天然石材。

## 3　工艺原理

木板上做好防水,预防木板因吸水而变形;防水;增强;减少应力。

### 3.1　防水

水斑、泛碱、起壳、开裂等许多问题与水有关;防水指做好石材背面的防水及其他面和木板基层的防护。

### 3.2　增强

起壳、开裂、脱落等许多问题与强度有关,增强既是材料上的增强,又是系统的增强。材料的增强是针对石材,使石材的物理力学性能提高,不易开裂;系统的增强是针对系统,从基层到面层,整个系统稳定,石材不开裂、不起壳、不脱落。

### 3.3　减少应力

起壳、开裂、脱落等问题都因强度与应力的平衡被破坏所致。减少应力,是解决矛盾的重要措施。

防水、增强与减少应力,有一定的相关性,互相影响。如防水影响系统的强度(粘结强度),也影响系统的应力(湿度应力)。许多病变是在三个要素共同作用下发生的。掌控好三个要素,做到防水好、强度高、应力小,使系统在低应力状态下运行,对于预防石材通病非常重要。

木板易受干、湿度的影响出现变形,天然石材本身变形较小;木板与天然石材变形不一致,板间易出现空鼓开裂现象,易脱落,因此提高粘结强度与减少应力是重点。

## 4　施工工艺流程及操作要点

### 4.1　施工工艺流程

工具准备→板面处理→涂刷石材防水背胶→粘贴施工→填缝施工→成品保护

## 4.2 操作要点

### 4.2.1 板面处理

1 弹性防水膜的调配,见附录 B.0.13。

2 木板墙体整个板面涂刷方法

涂刷前需先用工具清理木板表面的灰尘污物等,使板面保持清洁(图4.2.1-1)。

根据板面大小裁切网布备用(图4.2.1-2)。

用滚筒或刷子将防水膜浆料均匀地涂布于整个板面上,厚度在 0.5~0.8mm(图4.2.1-3)。将耐碱网格布压在防水膜表面,刮平压实。网布间搭接时宽度不应小于10cm(图4.2.1-4)。表面再涂刷一遍防水膜,厚度 0.5~0.8mm(图4.2.1-5)。自然养护一天,控制涂膜干固后的总厚度≥1.5mm。自然养护3~5天后即可进行板面的粘贴施工。

图 4.2.1-1　清理基层

图 4.2.1-2　裁切网布

图 4.2.1-3　涂刷防水膜

图 4.2.1-4　粘贴网布

图 4.2.1-5　再次涂刷防水膜

### 4.2.2 涂刷石材防水背胶

强度较高的石板(如花岗石等),可在石板的粘结面上直接涂刷 AD-8009;强度较低、裂纹较多的石板(如奥特曼、西米等),可采用 AD-8015 在石板的粘结面批涂网布进行增强。

1 工地现场涂刷石材防水背胶

(1)背胶的调配,见附录 B.0.1。

(2)涂刷方法

涂刷前需先清理表面,将石板粘结面的灰尘、污物、油渍等清理干净(图4.2.2-1)。

将石板平放在地面上,用毛刷将浆料均匀地涂布于石板的粘结面,厚度控制在 0.6~0.8mm,背胶用量 0.8~1.0kg/m²,常温下的表干时间在 0.5~1 小时。自然养护一天后即可进行粘贴施工(图4.2.2-2)。

石板四周溢出的浆料,在表干时可用美工刀或铲刀清理干净(图4.2.2-3)。

图 4.2.2-1　清理石板　　图 4.2.2-2　涂刷背胶　　图 4.2.2-3　清理浆料

2　石材大板厂预先涂刷石材背胶

（1）背胶的调配，见附录 B.0.2。

（2）涂刷方法：

批涂前用刷子、铲刀等工具将石板粘结面的灰尘、污物、油渍等清理干净，使石板的表面保持清洁（图 4.2.2-4）。

图 4.2.2-4　清理石板　　图 4.2.2-5　裁切网布　　图 4.2.2-6　批刮背胶　　图 4.2.2-7　清理浆料

将石板平放在托架上，将预先裁切好的网布（图 4.2.2-5）按压在石板表面，倒适量的浆料在网布上，用批板将浆料均匀地批刮在整个石板表面，将网布全部覆盖，浆料厚度控制在 0.6～0.8mm。通常批涂一遍即可，对洞石类的石材可预先在板面上直接批涂一遍背胶，后再按批网的方法刮涂一遍。背胶用量 0.8～1.0kg/m²，常温下的表干时间在 0.5～1 小时。自然养护一天后即可进行粘贴施工（图 4.2.2-6）。

石板四周溢出的浆料，在表干时可用美工刀或铲刀清理干净（图 4.2.2-7）。

4.2.3　粘贴施工

1　基层处理

粘贴前需先对基层进行仔细检查。如基层表面有油脂、浮尘、疏松物等各种不利于粘结的物质，需清理后才可进行粘贴。基层和饰面材料均不需用水湿润，饰面材料的粘结面应保持清洁。

2　AD-6005 柔性胶粘剂的调配，见附录 B.0.6。

3　粘贴方法

根据放线位置和水平位置进行铺贴。用锯齿镘刀将浆料均匀地刮涂于基层或天然石材的粘结面上（基层误差较大时，可在基层和石板两边同时刮涂）（图 4.2.3-1、图 4.2.3-2），再将石板按压到基层上面（图 4.2.3-3），用橡皮锤轻轻敲击、调整水平、摆正压实（图 4.2.3-4）；也可按常规贴法将拌好的浆料直接涂抹于天然石材的粘结面上，再用力按压到基层表面，摆正，刮去多余胶浆。

**石板四周接缝部位的缝内挤压出的胶粘剂用铲刀等工具及时清理干净**（图 4.2.3-5）。

粘结层厚度在 3～5mm 时，每平方米胶粘剂用量 5～8kg。

**4.2.4 根据石板的品种和规格大小合理设置接缝。**

天然石材长度≤60cm,应设置不小于1.5mm的接缝;长度>60cm,应设置不小于2mm的接缝。(图4.2.4)

图4.2.3-1 石板批胶粘剂

图4.2.3-2 墙面批胶粘剂

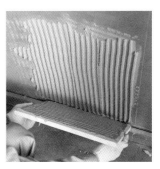
图4.2.3-3 粘贴石板

图4.2.3-4 找平

图4.2.3-5 清理接缝

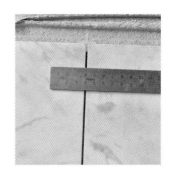
图4.2.4 留缝

4.2.4 填缝施工

1 填缝时间应尽可能推迟,至少应在粘贴完成7天以后才可进行,填缝前应先清除缝隙里面的油脂、浮尘、疏松物等各种不利于填缝、影响粘结的杂质(图4.2.5-1);由于木板类轻质墙体变形较大,在选择填缝材料时应使用柔性填缝剂进行填缝处理。

2 不需打磨墙面:将AD-1027柔性填缝剂(墙面型)包装打开后,放入硅胶枪内,缓慢挤压到接缝中,填缝深度应不小于3mm,将接缝表面填平,自然养护一天,待填缝剂完全固化后即可(图4.2.5-2)。

3 需打磨墙面:AD-1026柔性填缝剂的调配见附录B.0.4,将填缝剂用铲刀或批板嵌入缝隙中,填缝深度应不小于3mm,将缝隙表面填平(图4.2.5-3),在自然条件下养护2~3天,待填缝剂完全固化后即可对石板进行打磨抛光或清理操作。

4 填缝剂包装打开后应在规定时间内用完,粘在石板接缝周围的浆料,在表干后可用铲刀清理干净,使缝表面保持平整、清洁(图4.2.5-4)。

图4.2.5-1 清缝

图4.2.5-2 填缝

图4.2.5-3 填缝

图4.2.5-4 清理表面

## 5 材料与设备

### 5.1 材料

AD-2002 爱迪弹性防水膜 I 型,性能指标应符合附录 A 表 A.0.13 的规定。

AD-8015 爱迪石材防水背胶(背网专用),性能指标应符合附录 A 表 A.0.2 的规定。

AD-8009 爱迪石材防水背胶(多功能型),性能指标应符合附录 A 表 A.0.1 的规定。

AD-6005 爱迪柔性胶粘剂,性能指标应符合附录 A 表 A.0.7 的规定。

AD-1026 爱迪柔性填缝剂,性能指标应符合附录 A 表 A.0.4 的规定。

AD-1027 爱迪柔性填缝剂(墙面型),性能指标应符合附录 A 表 A.0.15 的规定。

耐碱网格布(单位面积质量$\geq 160g/m^2$)。

### 5.2 设备

搅拌桶、电动搅拌器、毛刷、滚筒、铲刀、美工刀、批板、橡皮锤、水平尺、锯齿镘刀($1cm \times 1cm$)等。

## 6 施工质量控制

6.1 施工完成后,应做好养护和成品保护工作,铺贴完一周内禁止淋水、敲击和碰撞。

6.2 胶粘剂和背胶应严格按规定的配比,搅拌均匀,施工时不宜添加其他材料和外加剂,拌好的胶粘剂和背胶宜控制在 2 小时内用完,施工现场环境温度在 5～35℃为宜,每次施工完,可用清水清洗工具及设备。

6.3 石材防水背胶、石材胶粘剂及柔性填缝剂等材料的碱性小于水泥,对皮肤影响较小,若不慎落入眼中,可用清水冲洗。

6.4 石板的粘结面在粘结前不宜使用防护剂进行防护处理,否则易引起空鼓脱落。

6.5 在背胶层还未充分干透前应避免淋雨和阳光直射,以免影响背胶成膜后的性能,同时也要避免用尖锐的器具破坏背胶层。

6.6 石板粘结面如有树脂胶粘贴的背网,在涂刷背胶前需先用铲刀或其他工具清理干净。

6.7 已涂刷石材防水背胶的粘结面不需再做防护,只需做其他五面的防护即可进行粘贴施工。

6.8 石材防水背胶的涂层厚度应均匀,不得有遗漏或孔洞。

# 17  木板面人造石材湿贴施工方法

## 导　语

  人造石材用于建筑装饰,除大气美观外,还有可大量复制、环保、资源再利用等优点。采用传统湿贴方法的工程,经常存在一些问题,如人造石材主要存在起鼓、开裂、脱落等通病。木板易吸水易变形,在木板上湿贴,饰面易空鼓脱落。上海爱迪技术发展有限公司在提出预防人造石材病变的"三要素五步骤"的基础上,根据木板与人造石材的特点,推出木板面人造石材湿贴施工方法,对避免病变的产生、保证工程质量效果显著。

## 1　方法特点

1.1　基层整体柔性处理、防水处理;

1.2　石材背面涂背胶,柔性粘结;

1.3　适当留缝,柔性填缝。

## 2　适用范围

  木板类轻质墙体上粘贴岗石、石英石等人造石材。

## 3　工艺原理

  木板上做好防水,预防木板因吸水而变形;隔绝碱性水;提高粘结强度与减少应力。

### 3.1　隔绝碱性水

  起壳、起鼓、翘曲、开裂等问题的产生,与碱性水对人造石材的腐蚀有关,隔绝碱性水,可以避免人造石材起鼓、开裂等问题的产生。

### 3.2　提高粘结强度

  起壳、脱落等许多问题与粘结强度有关,提高粘结强度,从基层到面层,整个系统的粘结强度提高,使人造石材不起壳、不脱落。

### 3.3　减少应力

  起壳、起鼓、翘曲、开裂等问题都因强度与应力的平衡被破坏所致。适当留缝、柔性填缝,是减少应力、解决矛盾的重要措施。

  木板易受干、湿度的影响出现变形,人造石材本身变形较大;木板与人造石材变形不一致,板间易出现空鼓开裂现象,易脱落,因此提高粘结强度与减少应力是重点。

## 4　施工工艺流程及操作要点

### 4.1　施工工艺流程

  工具准备→板面处理→涂刷人造石材防水背胶→粘贴施工→填缝施工→成品保护

### 4.2　操作要点

  4.2.1　板面处理

1 弹性防水膜的调配,见附录 B.0.13。

2 木板墙体整个板面涂刷方法

涂刷前需先用工具清理木板表面的灰尘污物等,使板面保持清洁(图 4.2.1-1)。

根据板面大小裁切网布备用(图 4.2.1-2)。

用滚筒将防水膜浆料均匀地涂布于整个板面上,厚度在 0.5~0.8mm(图 4.2.1-3)。将耐碱网格布压在防水膜表面,刮平压实(图 4.2.1-4)。网布间搭接时宽度不应小于 10cm。表面再涂刷一遍防水膜,厚度 0.5~0.8mm(图 4.2.1-5)。自然养护一天,观察涂膜的厚度,如涂膜厚度小于 1.5mm,则需在板面上再涂刷一遍防水膜浆料,直至涂膜干固后的总厚度≥1.5mm 时止。自然养护 3~5 天后即可进行板面的粘贴施工。

图 4.2.1-1 清理基层

图 4.2.1-2 裁切网布

图 4.2.1-3 涂刷防水膜

图 4.2.1-4 粘贴网布

图 4.2.1-5 再次涂刷防水膜

**4.2.2 涂刷人造石材防水背胶**

1 人造石材防水背胶的调配,见附录 B.0.4。

2 人造石材防水背胶涂刷方法

涂刷前需先清理表面,将石板粘结面的灰尘、污物、油渍等清理干净(图 4.2.2-1)。

将石板平放在地面上,用毛刷将浆料均匀地涂布于石板的粘结面,厚度控制在 0.6~0.8mm,用量 0.8~1.0kg/m²,常温下的表干时间在 0.5~1 小时。自然养护一天后即可进行粘贴施工(图 4.2.2-2)。

石板四周溢出的浆料,在表干后可用美工刀或铲刀清理干净(图 4.2.2-3)。

图 4.2.2-1 清理石板

图 4.2.2-2 涂刷背胶

图 4.2.2-3 清理浆料

4.2.3. 粘贴施工

1 基层处理

粘贴前需先对基层进行仔细检查。如基层表面有油脂、浮尘、疏松物等各种不利于粘结的物质,需清理后才可进行粘贴。基层和饰面材料均不需用水湿润,饰面材料的粘结面应保持清洁。

2 AD-1025R 双组分柔性胶粘剂调配,见附录 B.0.7。

3 粘贴方法

根据放线位置和水平位置进行铺贴。用锯齿镘刀将浆料均匀地刮涂于人造石材或基层的粘结面上(基层误差较大时,可在基层和石板两边同时刮涂)(图 4.2.3-1、图 4.2.3-2),再将石板按压到基层上面(参图 4.2.3-3),用橡皮锤轻轻敲击、调整水平、摆正压实(图 4.2.3-4);也可按常规贴法将拌好的浆料直接涂抹于人造石材的粘结面上,再用力按压到基层表面,摆正,刮去多余胶浆。

**石板四周接缝部位的缝内挤压出的胶粘剂用铲刀等工具及时清理干净**(图 4.2.3-5)。

图 4.2.3-1 石材批胶粘剂

图 4.2.3-2 墙面批胶粘剂

图 4.2.3-3 粘贴石板

图 4.2.3-4 找平

图 4.2.3-5 清理接缝

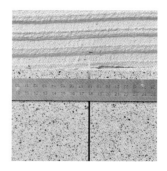
图 4.2.4 留缝

粘结层厚度在 3～5mm 时,每平方米胶粘剂用量 5～8kg。

**4.2.4 根据石板的品种和规格大小合理设置接缝**(图 4.2.4):

岗石长度≤60cm,石英石长度≤30cm,应设置不小于2mm的接缝。

岗石长度≤120cm,石英石长度≤60cm,应设置不小于3mm的接缝。

岗石长度>120cm,石英石长度>60cm,应设置不小于4mm的接缝。

4.2.5 填缝施工

1 填缝时间应尽可能推迟,至少应在粘贴完成7天以后才可进行,填缝前应先清除缝隙里面的油脂、浮尘、疏松物等各种不利于填缝、影响粘结的杂质(图 4.2.5-1);由于轻质墙体变形较大,在选择填缝材料时应使用柔性填缝剂或弹性硅酮胶进行填缝处理。

2 不需打磨墙面:将 AD-1027 柔性填缝剂(墙面型)包装打开后,放入硅胶枪内,缓慢挤压到接缝中,填缝深度应不小于3mm,将接缝表面填平,自然养护一天,待填缝剂完全固化后即可(图 4.2.5-2)。

3 需打磨墙面:AD-1026 柔性填缝剂的调配见附录 B.0.4,将填缝剂用铲刀或批板嵌入缝隙中,填缝深度应不小于3mm,将缝隙表面填平(图4.2.5-3),在自然条件下养护2～3天,待填缝剂完全固化后即可对石板进行打磨抛光或清理操作。

 4  参见填缝剂包装打开后应在规定时间内用完,粘在石板接缝周围的浆料,在表干后可用铲刀清理干净,使缝表面保持平整、清洁(图4.2.5-4)。

图4.2.5-1  清缝　　　　　图4.2.5-2  填缝(一)　　　　图4.2.5-3  填缝(二)　　　　图4.2.5-4  清理表面

## 5  材料与设备

### 5.1  材料

 AD-2002爱迪弹性防水膜I型,性能指标应符合附录A表A.0.13的规定。

 AD-8011爱迪人造石材防水背胶,性能指标应符合附录A表A.0.5的规定。

 AD-1025R双组分柔性胶粘剂,性能指标应符合附录A表A.0.8的规定。

 AD-1026爱迪柔性填缝剂,性能指标应符合附录A表A.0.4的规定。

 AD-1027爱迪柔性填缝剂(墙面型),性能指标应符合附录A表A.0.15的规定。

 耐碱网格布(单位面积质量≥160g/m²)。

### 5.2  设备

 搅拌桶、电动搅拌器、毛刷、滚筒、铲刀、美工刀、批板、橡皮锤、水平尺、锯齿镘刀(1cm×1cm)等。

## 6  施工质量控制

6.1  施工完成后,应做好养护和成品保护工作;铺贴完一周内禁止淋水、敲击和碰撞。

6.2  胶粘剂和背胶应严格按规定的配比,搅拌均匀,施工时不宜添加其他材料和外加剂,拌好的胶粘剂和背胶宜控制在2小时内用完,施工现场环境温度在5～35℃为宜,每次施工完,可用清水清洗工具及设备。

6.3  人造石材防水背胶、双组分胶粘剂、界面剂、弹性防水膜的碱性小于水泥,对皮肤影响较小,若不慎落入眼中,可用清水冲洗。

6.4  石板的粘结面在粘结前不宜使用防护剂进行防护处理,否则易引起空鼓脱落。

6.5  在背胶层还未充分干透前应避免淋雨,以免影响背胶成膜后的性能,同时也要避免用尖锐的器具破坏背胶层。

**6.6  人造石材由于本身变形较大,受温度、湿度的影响引起的变形也较大,因此在填缝时应采用柔性填缝剂嵌缝,以适应人造石材的变形,绝不可采用刚性材料填缝。**

# 18 木板面玻化砖湿贴施工方法

**导　语**

玻化砖大量用于建筑装饰,除用其坚固、耐久、耐磨外,还有大气美观的品质,采用传统湿贴方法的工程,经常存在一些问题,主要存在空鼓、脱落等通病。木板易吸水易变形,在木板上湿贴,饰面易空鼓脱落。上海爱迪技术发展有限公司在提出预防玻化砖病变的"二要素五步骤"的基础上,根据木板与玻化砖的特点,推出木板面玻化砖湿贴施工方法,对避免病变的产生、保证工程质量效果显著。

## 1　方法特点

1.1　基层整体防水处理、柔性处理;

1.2　玻化砖背面涂背胶,柔性粘结;

1.3　柔性填缝。

## 2　适用范围

木板类轻质墙体上粘贴玻化砖等低吸率砖。

## 3　工艺原理

木板上做好防水,预防木板因吸水而变形;提高粘结力;减少破坏性应力。

### 3.1　提高粘结力

玻化砖的破坏主要是玻化砖背面与粘结材料脱开,原因是玻化砖很致密,传统粘结材料不易与玻化砖牢固粘结,采用玻化砖背胶提高粘结材料与玻化砖之间的粘结力。

### 3.2　减少破坏性应力

玻化砖尺寸较大,弹性模量较大,温度变化、基层变形等产生的应力较大,减少破坏性应力,使系统应力小于强度,以保持系统的稳定。

木板易受干、湿度的影响出现变形,玻化砖本身变形较小、吸水率较低、光滑;木板与玻化砖变形不一致,二者之间易出现空鼓开裂现象,易脱落,因此提高粘结强度与减少应力是重点。

## 4　施工工艺流程及操作要点

### 4.1　施工工艺流程

工具准备→板面处理→涂刷玻化砖背胶→粘贴施工→填缝施工→成品保护

### 4.2　操作要点

#### 4.2.1　板面处理

1　弹性防水膜的调配,见附录 B.0.13。

2　木板墙体整个板面涂刷方法

涂刷前需先用工具清理木板表面的灰尘污物等,使板面保持清洁(图4.2.1-1)。

根据板面大小裁切网布备用(图 4.2.1-2)

用滚筒将防水膜浆料均匀地涂布于整个板面上,厚度在 0.5 ~ 0.8mm(图 4.2.1-3)。将耐碱网格布压在防水膜表面,刮平压实。网布间搭接时宽度不应小于 10cm(图 4.2.1-4)。表面再涂刷一遍防水膜,厚度 0.5 ~ 0.8mm(图 4.2.1-5)。自然养护一天,检查涂膜的厚度,如涂膜厚度小于 1.5mm,则需在板面上再涂刷一遍防水膜浆料,直至涂膜干固后的总厚度≥1.5mm 时止。自然养护 3 ~ 5 天后即可进行板面的粘贴施工。

图 4.2.1-1　清理基层

图 4.2.1-2　裁切网布

图 4.2.1-3　涂刷防水膜

图 4.2.1-4　粘贴网布

图 4.2.1-5　再次涂刷
防水膜

**4.2.2　涂刷玻化砖背胶**

1　玻化砖背胶的调配,见附录 B.0.8。

2　玻化砖背胶涂刷方法

**涂刷前须先清理玻化砖粘结面,将玻化砖粘结面的灰尘、污物、油渍、脱模剂残留物等清理干净**(图 4.2.2-1)。

将玻化砖平放在地面上,用毛刷将浆料均匀地涂布于玻化砖的粘结面,厚度控制在 0.8 ~ 1.0mm,用量 0.8 ~ 1.0kg/m²,常温下的表干时间在 20 ~ 30 分钟。表干后即可进行粘贴施工(图 4.2.2-2)。

玻化砖四周溢出的浆料,在刚表干时可用美工刀或铲刀清理干净(图 4.2.2-3)。

图 4.2.2-1　清理玻化砖

图 4.2.2-2　涂刷背胶

图 4.2.2-3　清理浆料

4.2.3 粘贴施工

1 基层处理

粘贴前需先对基层墙体进行仔细检查,基层墙体和粉刷层表面需具有足够的强度。对基层表面的油脂、浮尘、疏松物等各种不利于粘结的物质,需清理后才可进行粘贴。基层和饰面材料均不需用水湿润,饰面材料的粘结面应保持清洁。

2 AD-6005 柔性胶粘剂的调配,见附录 B.0.7。

3 粘贴方法

根据放线位置和水平位置进行铺贴。用锯齿镘刀将浆料均匀地刮涂于玻化砖或基层的粘结面上(基层误差较大时,可在基层和玻化砖两边同时刮涂)(图 4.2.3-1、图 4.2.3-2),再将玻化砖按压到基层上面(图 4.2.3-3),用橡皮锤轻轻敲击、调整水平、摆正压实(图 4.2.3-4);也可按常规贴法将拌好的浆料直接涂抹于玻化砖的粘结面上,再用力按压到基层表面,摆正,刮去多余胶浆。

**玻化砖四周接缝部位的缝内挤压出的胶粘剂用铲刀等工具及时清理干净**(图 4.2.3-5)。

粘结层厚度在 3~5mm 时,每平方米胶粘剂用量 5~8kg。

**根据玻化砖的规格大小合理设置接缝。**

玻化砖长度≤60cm,应设置不小于 1.5mm 的接缝;长度 >60cm,应设置不小于 2mm 的接缝(图 4.2.3-6)。

图 4.2.3-1 玻化砖批胶粘剂

图 4.2.3-2 墙面批胶粘剂

图 4.2.3-3 粘贴玻化砖

图 4.2.3-4 找平

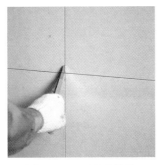
图 4.2.3-5 清理接缝

图 4.2.3-6 留缝

4.2.4 填缝施工

1 填缝时间应尽可能推迟,至少应在粘贴完成 7 天以后才可进行,填缝前应先清除缝隙里面的油脂、浮尘、疏松物等各种不利于填缝、影响粘结的杂质(图 4.2.4-1);由于轻质墙体变形较大,在选择填缝材料时应使用柔性填缝剂或弹性硅酮胶进行填缝处理。

2 将 AD-1027 柔性填缝剂(墙面型)包装打开后,放入硅胶枪内,缓慢挤压到接缝中,填缝深度应不小于 3mm,将接缝表面填平(图 4.2.4-2)。

3 自然养护一天,待填缝剂完全固化后即可。

4 填缝剂包装打开后应尽快用完,粘在玻化砖接缝周围的浆料,在表干后可用铲刀清理干净,使缝表面保持平整、清洁。(图4.2.4-3)。

图4.2.4-1 清缝

图4.2.4-2 填缝

图4.2.4-3 清理表面

## 5 材料与设备

### 5.1 材料

AD-2002爱迪弹性防水膜I型,性能指标应符合附录A表A.0.13的规定。

AD-1022爱迪玻化砖背胶,性能指标应符合附录A表A.0.9的规定。

AD-6005爱迪柔性胶粘剂,性能指标应符合附录A表A.0.7的规定。

AD-1027爱迪柔性填缝剂(墙面型),性能指标应符合附录A表A.0.15的规定。

耐碱网格布(单位面积质量≥145g/m$^2$)。

### 5.2 设备

搅拌桶、电动搅拌器、毛刷、滚筒、铲刀、美工刀、批板、橡皮锤、水平尺、锯齿镘刀(1cm×1cm)等。

## 6 施工质量控制

6.1 背胶涂刷前,须先将玻化砖背面的脱模剂残留物等严重影响粘结的污物清理干净。背胶施工完成后,应做好养护和成品保护工作,铺贴完一周内禁止淋水、敲击和碰撞。

6.2 拌好的浆料宜控制在2小时内用完,施工现场环境温度在5~35℃为宜。

6.3 胶粘剂和背胶应严格按规定的配比,使用电动搅拌工具搅拌均匀,施工时不宜添加其他材料和外加剂,拌和胶粘剂的水应使用清水。

6.4 每次施工完,可用清水清洗工具及设备。

6.5 玻化砖背胶、柔性胶粘剂、柔性填缝剂的碱性小于水泥,对皮肤影响较小,若不慎落入眼中,可用清水冲洗。

6.6 在背胶层还未充分干透前应避免淋雨,以免影响背胶成膜后的性能。

# 19　旧墙翻新天然石材湿贴施工方法

导　语

以瓷砖、马赛克、石材等作饰面的墙地面使用一段时间后表面会出现老化、污染等通病。为满足美化墙地面装饰的需要,通常需进行翻新处理,按传统的做法,需将原饰面敲掉后重新做,费工费时,费料。采用本方法可简化施工过程,不需敲掉原饰面即可达到翻新的效果。

## 1　方法特点

1.1　旧墙饰面不必铲除,做界面处理;

1.2　专用胶粘剂粘贴。

## 2　适用范围

旧瓷砖等重质饰面墙面上重新粘贴天然石材。

## 3　工艺原理

防水、增强与减少应力。旧墙基面做界面处理,提高与胶粘剂的粘结力。

3.1　防水

水斑、泛碱、起壳、开裂等许多问题与水有关;防水指做好石材背面的防水和其他面的防护。

3.2　增强

起壳、开裂、脱落等许多问题与强度有关,增强既是材料上的增强,又是系统的增强。材料的增强是针对石材,使石材的物理力学性能提高,不易开裂;系统的增强是针对系统,从基层到面层,整个系统稳定,石材不开裂、不起壳、不脱落。

3.3　减少应力

起壳、开裂、脱落等问题都因强度与应力的平衡被破坏所致。减少应力,是解决矛盾的重要措施。尤其作为刚性系统,应力作用往往很大,控制应力非常重要。

增强与减少应力,有一定的相关性,互相影响。许多病变是在两个要素共同作用下发生的。掌控好两个要素,做到强度高、应力小,使系统在低应力状态下运行,对于预防石材通病非常重要。

## 4　施工工艺流程及操作要点

4.1　施工工艺流程

工具准备→旧墙基面处理→刷石材防水背胶→粘贴施工→留缝→填缝施工→成品保护

4.2　操作要点

4.2.1　旧墙基面处理

1　基面检查

仔细检查基层墙面的牢固情况,旧饰面应与基层墙体粘结牢固。对起壳、空鼓或脱落的面砖,用砂浆先进行修补。清理掉旧饰面上的污物、油渍等不利于粘结的杂物(图4.2.1-1)。

2 混凝土界面剂调配,见附录B.0.12。

3 旧墙涂刷混凝土界面剂

用毛刷或滚筒将浆料均匀地涂布于旧饰面的表面,厚度在1mm左右,用量约1kg/m²(包括水泥和砂的总量),自然养护一天后即可进行新的粘贴施工(图4.2.1-2)。

图4.2.1-1　清理基层　　　　　　　　图4.2.1-2　涂刷界面剂

4.2.2　涂刷石材背胶

1　工地现场涂刷石材背胶

(1)背胶的调配,见附录B.0.1。

(2)涂刷方法

涂刷前需先清理表面,将石板粘结面的灰尘、污物、油渍等清理干净(图4.2.2-1)。

将石板平放在地面上,用毛刷将浆料均匀地涂布于石板的粘结面,厚度控制在0.6~0.8mm,用量0.8~1.0kg/m²,常温下的表干时间在0.5~1小时。自然养护一天后即可进行粘贴施工(图4.2.2-2)。

石板四周溢出的浆料,在表干后可用美工刀或铲刀清理干净(图4.2.2-3)。

图4.2.2-1　清理石板　　　图4.2.2-2　涂刷背胶　　　图4.2.2-3　清理浆料

2　石材大板厂预先涂刷石材背胶

(1)背胶的调配,见附录B.0.2。

(2)涂刷方法

批涂前用刷子、铲刀等工具将石板粘结面的灰尘、污物、油渍等清理干净,使石板的表面保持清洁(图4.2.2-4)。

将石板平放在托架上,将预先裁切好的网布(图4.2.2-5)按压在石板表面,倒适量的浆料在网布上,用批板将浆料均匀地批刮在整个石板表面,将网布全部覆盖,浆料厚度控制在0.6~0.8mm。通常批涂一遍即可,对洞石类的石材可预先在板面上直接批涂一遍背胶,后再按批网的方法刮涂一遍。用量0.8~1.0kg/m²,常温下的表干时间在0.5~1小时。自然养护一天后即可进行粘贴施工(图4.2.2-6)。

石板四周溢出的浆料,在表干后可用美工刀或铲刀清理干净(图4.2.2-7)。

图 4.2.2-4 清理石板　　图 4.2.2-5 裁切网布　　图 4.2.2-6 批刮背胶　　图 4.2.2-7 清理浆料

### 4.2.3 粘贴施工

**1 基层处理**

粘贴前需先对基层进行仔细检查。如基层表面有油脂、浮尘、疏松物等各种不利于粘结的物质,需清理后才可进行粘贴。基层和饰面材料均不需用水湿润,饰面材料的粘结面应保持清洁。

**2** AD-1013 石材胶粘剂的调配,见附录 B.0.3。

**3 粘贴方法**

根据放线位置和水平位置进行铺贴。用锯齿镘刀将浆料均匀地刮涂于基层或天然石材的粘结面上(基层误差较大时,可在基层和石板两边同时刮涂)(图 4.2.3-1、图 4.2.3-2),再将石板按压到基层上面(图 4.2.3-3),用橡皮锤轻轻敲击、调整水平、摆正压实(图 4.2.3-4);也可按常规贴法将拌好的浆料直接涂抹于天然石材的粘结面上,再用力按压到基层表面,摆正,刮去多余胶浆。

**石板四周接缝部位的缝内挤压出的胶粘剂用铲刀等工具及时清理干净**(图 4.2.3-5)。

粘结层厚度在 3～5mm 时,每平方米胶粘剂用量 5～8kg。

### 4.2.4 留缝

**根据石板的规格大小合理设置接缝。**

天然石材长度≤60cm,应设置不小于 0.5mm 的接缝;长度 >60cm,应设置不小于 1mm 的接缝(图 4.2.4)。

图 4.2.3-1 石板批胶粘剂　　图 4.2.3-2 墙面批胶粘剂　　图 4.2.3-3 粘贴石板

  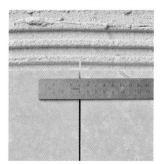

图 4.2.3-4 找平　　　　图 4.2.3-5 清理接缝　　　　图 4.2.4 留缝

4.2.5 填缝施工

1 填缝施工应在粘贴完成至少7天以后才可进行,填缝前应先清除缝隙里面的油脂、浮尘、疏松物等各种不利于填缝、影响粘结的杂质(图4.2.5-1);可使用普通的填缝材料进行嵌缝处理,也可采用柔性填缝剂进行填缝处理。

2 不需打磨墙面:将 AD-1027 柔性填缝剂(墙面型)包装打开后,放入硅胶枪内,缓慢挤压到接缝中,填缝深度应不小于3mm,将接缝表面填平,自然养护一天,待填缝剂完全固化后即可(图4.2.5-2)。

3 需打磨墙面:普通填缝剂或 AD-1026 柔性填缝剂的调配见附录 B.0.4,将填缝剂用铲刀或批板嵌入缝隙中,填缝深度应不小于3mm,将缝隙表面填平(图4.2.5-3),在自然条件下养护2~3天,待填缝剂完全固化后即可对石板进行打磨抛光或清理操作。

4 填缝剂包装打开后应在规定时间内用完,粘在石板接缝周围的浆料,在表干后可用铲刀清理干净,使缝表面保持平整、清洁(图4.2.5-4)。

图4.2.5-1 清缝　　　图4.2.5-2 填缝(一)　　　图4.2.5-3 填缝(二)　　　图4.2.5-4 清理表面

## 5 材料与设备

### 5.1 材料

AD-1002 爱迪混凝土界面剂,性能指标应符合附录 A 表 A.0.12 的规定。

AD-8009 爱迪石材防水背胶,性能指标应符合附录 A 表 A.0.1 的规定。

AD-8015 爱迪石材防水背胶(背网专用),性能指标应符合附录 A 表 A.0.2 的规定。

AD-1013 爱迪天然石材胶粘剂,性能指标应符合附录 A 表 A.0.3 的规定。

AD-1026 爱迪柔性填缝剂,性能指标应符合附录 A 表 A.0.4 的规定。

AD-1027 爱迪柔性填缝剂(墙面型),性能指标应符合附录 A 表 A.0.15 的规定。

### 5.2 设备

搅拌桶、电动搅拌器、毛刷、滚筒、铲刀、美工刀、批板、橡皮锤、水平尺、锯齿镘刀(1cm×1cm)等。

## 6 施工质量控制

6.1 施工完成后,应做好养护和成品保护工作,铺贴完一周内禁止淋水、敲击和碰撞。

6.2 胶粘剂和背胶应严格按规定的配比,搅拌均匀,施工时不宜添加其他材料和外加剂,拌好的胶粘剂和背胶宜控制在2小时内用完,施工现场环境温度在5~35℃为宜,每次施工完,可用清水清洗工具及设备。

6.3 石材防水背胶、石材胶粘剂及瓷砖填缝剂等材料的碱性小于水泥,对皮肤影响较小,若不慎落入眼中,可用清水冲洗。

6.4 石板的粘结面在粘前不宜使用防护剂进行防护处理,否则易引起空鼓脱落。

6.5 在背胶层还未充分干透前应避免淋雨和阳光直射,以免影响背胶成膜后的性能,同时也要避免用尖锐的器具破坏背胶层。

6.6　石板粘结面如有树脂胶粘贴的背网,在涂刷背胶前需先用铲刀或其他工具清理干净。

6.7　已涂刷石材防水背胶的粘结面不需再做防护,只需做其他五面的防护即可进行粘贴施工。

6.8　石材防水背胶的涂层厚度应均匀,不得有遗漏或孔洞。

# 20 旧墙翻新人造石材湿贴施工方法

## 导 语

以瓷砖、马赛克、石材等作饰面的墙地面使用一段时间后表面会出现老化、污染等通病。为满足美化墙地面装饰的需要,通常需进行翻新处理,按传统的做法,需将原饰面敲掉后重新做,费工费时,费料。采用本方法可简化施工过程,不需敲掉原饰面即可达到翻新的效果。

## 1 方法特点

1.1 旧墙饰面不必铲除,做界面处理;

1.2 专用胶粘剂粘贴;

1.3 适当留缝。

## 2 适用范围

旧瓷砖等重质饰面墙面上重新粘贴人造石材。

## 3 工艺原理

隔绝碱性水、提高粘结强度与减少应力。旧墙基面做界面处理,提高与胶粘剂的粘结力。

### 3.1 隔绝碱性水

起壳、起鼓、翘曲、开裂等问题的产生,与碱性水对人造石材的腐蚀有关,隔绝碱性水,可以避免人造石材起鼓、开裂等问题的产生。

### 3.2 提高粘结强度

起壳、脱落等许多问题与粘结强度有关,提高粘结强度,从基层到面层,整个系统的粘结强度提高,使人造石材不起壳、不脱落。

### 3.3 减少应力

起壳、起鼓、翘曲、开裂等问题都因强度与应力的平衡被破坏所致。适当留缝,是减少应力、解决矛盾的重要措施。

## 4 施工工艺流程及操作要点

### 4.1 施工工艺流程

工具准备→旧墙基面处理→刷人造石材防水背胶→粘贴施工→留缝→填缝施工→成品保护

### 4.2 操作要点

#### 4.2.1 旧墙基面处理

1 基面检查

仔细检查基层墙面的牢固情况,旧饰面应与基层墙体粘结牢固。对起壳、空鼓或脱落的面砖,用砂浆先进行修补。清理掉旧饰面上的污物、油渍等不利于粘结的杂物(图 4.2.1-1)。

**2**　混凝土界面剂调配,见附录 B.0.12。

**3**　旧墙涂刷混凝土界面剂

用毛刷或滚筒将浆料均匀地涂布于旧饰面的表面,厚度在 1mm 左右,用量约 1kg/m²(包括水泥和砂的总量),自然养护一天后即可进行新的粘贴施工(图 4.2.1-2)。

图 4.2.1-1　清理基面　　　　　　　图 4.2.1-2　涂刷界面剂

**4.2.2**　涂刷人造石材防水背胶

**1**　人造石材防水背胶的调配,见附录 B.0.5。

**2**　人造石材防水背胶涂刷方法

涂刷前需先清理表面,将石板粘结面的灰尘、污物、油渍等清理干净(图 4.2.2-1)。

将石板平放在地面上,用毛刷将浆料均匀地涂布于石板的粘结面,厚度控制在 0.6～0.8mm,用量 0.8～1.0kg/m²,常温下的表干时间在 0.5～1 小时。自然养护一天后即可进行粘贴施工(图 4.2.2-2)。

石板四周溢出的浆料,在表干后可用美工刀或铲刀清理干净(图 4.2.2-3)。

图 4.2.2-1　清理石板　　　　图 4.2.2-2　涂刷背胶　　　　图 4.2.2-3　清理浆料

**4.2.3**　粘贴施工

**1**　基层处理

粘贴前需先对基层进行仔细检查。如基层表面有油脂、浮尘等各种不利于粘结的物质,需清理后才可进行粘贴。基层和饰面材料均不需用水湿润,饰面材料的粘结面应保持清洁。

**2**　胶粘剂的调配

(1)AD-1016 人造石材胶粘剂调配,见附录 B.0.6。

(2)AD-6005 柔性胶粘剂调配,见附录 B.0.7。

(3)AD-1025R 双组分柔性胶粘剂调配,见附录 B.0.8。

(4)粘贴时胶粘剂的选择

岗石长度≤60cm,石英石长度≤30cm,用 AD-1016 粘贴。

岗石长度≤120cm,石英石长度≤60cm,用 AD-6005 粘贴。

岗石长度＞120cm,石英石长度＞60cm,用 AD-1025R 粘贴。

**3 粘贴方法**

根据放线位置和水平位置进行铺贴。用锯齿镘刀将浆料均匀地刮涂于人造石材或基层的粘结面上（基层误差较大时，可在基层和石板两边同时刮涂）（图4.2.3-1、图4.2.3-2），再将石板按压到基层上面（图4.2.3-3），用橡皮锤轻轻敲击、调整水平、摆正压实（图4.2.3-4）；也可按常规贴法将拌好的浆料直接涂抹于人造石材的粘结面上，再用力按压到基层表面，摆正，刮去多余胶浆。人造石材四周接缝部位的缝内挤压出的胶粘剂用铲刀等工具及时清理干净（图4.2.3-5）。

粘结层厚度在3~5mm时，每平方米胶粘剂用量5~8kg。

**4.2.4 留缝**

**根据石板的品种和规格大小合理设置接缝**（图4.2.4）：

图4.2.3-1 石板批胶粘剂

图4.2.3-2 墙面批胶粘剂

图4.2.3-3 粘贴石板

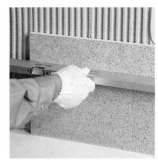
图4.2.3-4 找平

图4.2.3-5 清理接缝

图4.2.4 留缝

岗石长度≤60cm，石英石长度≤30cm，应设置不小于2mm的接缝。

岗石长度≤120cm，石英石长度≤60cm，应设置不小于3mm的接缝。

岗石长度>120cm，石英石长度>60cm，应设置不小于4mm的接缝。

**4.2.5 填缝施工**

1 填缝时间应尽可能推迟，至少应在粘贴完成7天以后才可进行，填缝前应先清除缝隙里面的油脂、浮尘、疏松物等各种不利于填缝、影响粘结的杂质（图4.2.5-1）；由于人造石材普遍变形较大，在选择填缝材料时应使用柔性填缝剂或弹性硅酮胶进行填缝处理。

2 不需打磨墙面：将AD-1027柔性填缝剂（墙面型）包装打开后，放入硅胶枪内，缓慢挤压到接缝中，填缝深度应不小于3mm，将接缝表面填平，自然养护一天，待填缝剂完全固化后即可。（图4.2.5-2）

3 需打磨墙面：AD-1026柔性填缝剂的调配见附录B.0.4，将填缝剂用铲刀或批板嵌入缝隙中，填缝深度应不小于3mm，将缝隙表面填平（图4.2.5-3），在自然条件下养护2~3天，待填缝剂完全固化后即可对石板进行打磨抛光或清理操作。

4 填缝剂包装打开后应在规定时间内用完，粘在石板接缝周围的浆料，在表干后可用铲刀清理干净，使缝表面保持平整、清洁（图4.2.5-4）。

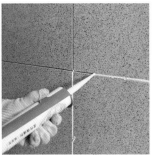

图 4.2.5-1 清缝　　　　图 4.2.5-2 填缝(一)　　　　图 4.2.5-3 填缝(二)　　　　图 4.2.5-4 清理表面

## 5 材料与设备

### 5.1 材料

AD-1002 爱迪混凝土界面剂,性能指标应符合附录 A 表 A.0.12 的规定。

AD-8011 爱迪人造石材防水背胶,性能指标应符合附录 A 表 A.0.5 的规定。

AD-1016 爱迪人造石材胶粘剂,性能指标应符合附录 A 表 A.0.6 的规定。

AD-6005 爱迪柔性胶粘剂,性能指标应符合附录 A 表 A.0.7 的规定。

AD-1025R 爱迪双组分柔性胶粘剂,性能指标应符合附录 A 表 A.0.8 的规定。

AD-1026 爱迪柔性填缝剂,性能指标应符合附录 A 表 A.0.4 的规定。

AD-1027 爱迪柔性填缝剂(墙面型),性能指标应符合附录 A 表 A.0.15 的规定。

### 5.2 设备

搅拌桶、电动搅拌器、毛刷、滚筒、铲刀、美工刀、批板、橡皮锤、水平尺、锯齿镘刀(1cm×1cm)等。

## 6 施工质量控制

6.1 施工完成后,应做好养护和成品保护工作;铺贴完一周内禁止淋水、敲击和碰撞。

6.2 胶粘剂和背胶应严格按规定的配比,搅拌均匀,施工时不宜添加其他材料和外加剂,拌好的胶粘剂和背胶宜控制在 2 小时内用完,施工现场环境温度在 5～35℃ 为宜,每次施工完,可用清水清洗工具及设备。

6.3 人造石材防水背胶、人造石材胶粘剂、柔性胶粘剂的碱性小于水泥,对皮肤影响较小,若不慎落入眼中,可用清水冲洗。

6.4 石板的粘结面在粘结前不宜使用防护剂进行防护处理,否则易引起空鼓脱落。

6.5 在背胶层还未充分干透前应避免淋雨,以免影响背胶成膜后的性能,同时也要避免用尖锐的器具破坏背胶层。

**6.6 人造石材由于本身变形较大,受温度、湿度的影响引起的变形也较大,因此在填缝时应采用柔性填缝剂嵌缝,以适应人造石材的变形,绝不可采用刚性材料填缝。**

# 21　旧墙翻新玻化砖湿贴施工方法

## 导　语

以瓷砖、马赛克、石材等作饰面的墙地面使用一段时间后表面会出现老化、污染等通病。为满足美化墙地面装饰的需要,通常需进行翻新处理,按传统的做法,需将原饰面敲掉后重新做,费工费时,费料。采用本方法可简化施工过程,不需敲掉原饰面即可达到翻新的效果。

## 1　方法特点

1.1　旧墙饰面不必铲除,做界面处理;

1.2　专用胶粘剂粘贴。

## 2　适用范围

旧瓷砖等重质饰面墙面上重新粘贴玻化砖。

## 3　工艺原理

提高粘结力与减少破坏性应力。旧墙基面做界面处理,提高与胶粘剂的粘结力。

### 3.1　提高粘结力

旧墙上粘贴玻化砖,破坏处可能在旧墙与粘结材料、玻化砖背面与粘结材料之间脱开,原因一是旧墙附着力差,二是玻化砖很致密,普通粘结材料不易与玻化砖牢固粘结,因此提高粘结力是指提高旧基墙与粘结材料、粘结材料与玻化砖之间的粘结力。

### 3.2　减少破坏性应力

玻化砖尺寸较大,弹性模量较大,温度变化、基层变形等产生的应力较大,减少破坏性应力,使系统应力小于强度,以保持系统的稳定。

## 4　施工工艺流程及操作要点

### 4.1　施工工艺流程

工具准备→旧墙基面处理→刷玻化砖背胶→粘贴施工→粘结材料选择与留缝→填缝施工→成品保护

### 4.2　操作要点

#### 4.2.1　旧墙基面处理

1　基面检查

仔细检查基层墙面的牢固情况,旧饰面应与基层墙体粘结牢固。对起壳、空鼓或脱落的面砖,用砂浆先进行修补。清理掉旧饰面上的污物、油渍等不利于粘结的杂物(图 4.2.1-1)。

2　混凝土界面剂调配,见附录 B.0.12。

3　旧墙涂刷混凝土界面剂

用毛刷或滚筒将浆料均匀地涂布于旧饰面的表面,厚度在 1mm 左右,用量约 1kg/m²(包括水泥和砂的总量),自然养护一天后即可进行新的粘贴施工(图 4.2.1-2)。

图 4.2.1-1　清理基面　　　　　　　　　图 4.2.1-2　涂刷界面剂

#### 4.2.2　涂刷玻化砖背胶

1　玻化砖背胶的调配,见附录 B.0.9。

2　玻化砖背胶涂刷方法

**涂刷前须先清理玻化砖粘结面,将玻化砖粘结面的灰尘、污物、油渍、脱模剂残留物等清理干净**(图 4.2.2-1)。

将玻化砖平放在地面上,用毛刷将浆料均匀地涂布于玻化砖的粘结面,厚度控制在 0.8 ~ 1.0mm,用量 0.8 ~ 1.0kg/m²,常温下的表干时间在 20 ~ 30 分钟。表干后即可进行粘贴施工(图 4.2.2-2)。

玻化砖四周溢出的浆料,在刚表干时可用美工刀或铲刀清理干净(图 4.2.2-3)。

图 4.2.2-1　清理玻化砖　　　　图 4.2.2-2　涂刷背胶　　　　图 4.2.2-3　清理浆料

#### 4.2.3　粘贴施工

1　基层处理

粘贴前需先对基层进行仔细检查。如基层表面有油脂、浮尘、疏松物等各种不利于粘结的物质,需清理后才可进行粘贴。基层和饰面材料均不需用水湿润,饰面材料的粘结面应保持清洁。

2　AD-1015 玻化砖胶粘剂的调配,见附录 B.0.10。

3　粘贴方法

根据放线位置和水平位置进行铺贴。用锯齿镘刀将浆料均匀刮涂于玻化砖或基层粘结面上(基层误差较大时,可在基层和石板两边同时刮涂)(图 4.2.3-1、图 4.2.3-2),再将玻化砖按压到基层上(图 4.2.3-3),用橡皮锤轻轻敲击、调整水平、摆正压实(图 4.2.3-4);也可按常规贴法将拌好的浆料直接涂抹于玻化砖粘结面上,再用力按压到基层表面,摆正,刮去多余胶浆。玻化砖四周接缝部位缝内挤压出的胶粘剂用铲刀等工具及时清理干净(图 4.2.3-5)。

图 4.2.3-1　玻化砖批胶粘剂　　　图 4.2.3-2　墙面批胶粘剂　　　图 4.2.3-3　粘贴玻化砖

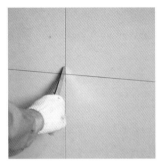

图 4.2.3-4　找平　　　　　图 4.2.3-5　清理接缝　　　　　图 4.2.4　留缝

粘结层厚度在 3~5mm 时,每平方米胶粘剂用量 5~8kg。

4.2.4　粘结材料选择与留缝

玻化砖长度≤60cm,可选择 AD-1015 玻化砖胶粘剂(普通型)进行粘贴;长度 >60cm,建议选择 AD-1015 玻化砖胶粘剂(加强型)进行粘贴。

**粘贴时根据玻化砖的规格大小合理设置接缝。**

玻化砖长度≤60cm,应设置不小于 0.5mm 的接缝;>60cm,应设置不小于 1mm 的接缝(图 4.2.4)。

4.2.5　填缝施工

1　填缝时间应尽可能推迟,至少应在粘贴完成 7 天以后才可进行,填缝前应先清除缝隙里面的油脂、浮尘、疏松物等各种不利于填缝、影响粘结的杂质(图 4.2.5-1),由于旧墙普遍稳定,在选择填缝材料时可使用普通填缝材料,也可使用柔性填缝剂或弹性硅酮胶进行填缝处理。

2　将 AD-1027 柔性填缝剂(墙面型)包装打开后,放入硅胶枪内,缓慢挤压到接缝中,填缝深度应不小于 3mm,将接缝表面填平(图 4.2.5-2)。

3　自然养护一天,待填缝剂完全固化后即可。

4　填缝剂包装打开后应尽快用完,粘在玻化砖接缝周围的浆料,在表干后可用铲刀清理干净,使缝表面保持平整、清洁。(图 4.2.5-3)。

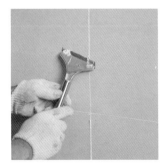

图 4.2.5-1　清缝　　　　　图 4.2.5-2　填缝　　　　　图 4.2.5-3　清理表面

## 5　材料与设备

### 5.1　材料

AD-1002 爱迪混凝土界面剂,性能指标应符合附录 A 表 A.0.12 的规定。

AD-1022 爱迪玻化砖背胶,性能指标应符合附录 A 表 A.0.9 的规定。

AD-1015 爱迪玻化砖胶粘剂,性能指标应符合附录 A 表 A.0.10 的规定。

AD-1027 爱迪柔性填缝剂(墙面型),性能指标应符合附录 A 表 A.0.15 的规定。

### 5.2　设备

搅拌桶、电动搅拌器、毛刷、滚筒、铲刀、美工刀、批板、橡皮锤、水平尺、锯齿镘刀(1cm×1cm)等。

## 6　施工质量控制

6.1　背胶涂刷前,须先将玻化砖背面的脱模剂残留物等严重影响粘结的污物清理干净。背胶施工完成后,应做好养护和成品保护工作,铺贴完一周内禁止淋水、敲击和碰撞。

6.2　拌好的浆料宜控制在 2 小时内用完,施工现场环境温度在 5～35℃为宜。

6.3　胶粘剂和背胶应严格按规定的配比,使用电动搅拌工具搅拌均匀,施工时不宜添加其他材料和外加剂,拌和胶粘剂的水应使用清水。

6.4　每次施工完,可用清水清洗工具及设备。

6.5　玻化砖背胶、玻化砖胶粘剂、柔性填缝剂的碱性小于水泥,对皮肤影响较小,若不慎落入眼中,可用清水冲洗。

6.6　在背胶层还未充分干透前应避免淋雨,以免影响背胶成膜后的性能。

# 22 钢板墙面天然石材湿贴施工方法

## 导 语

石材大量用于建筑装饰,除用其坚固、耐久、耐磨外,还有大气美观的品质,而采用传统湿贴方法的工程,经常存在一些问题,如天然石材主要存在水斑、泛碱、脱落等通病及大板背网需铲除。石材湿贴施工常用防护剂作六面防护以解决石材水斑、泛碱等问题,但降低了石材的粘结强度;背网是为了防止石材大板在生产运输过程产生破损,在湿贴前必须铲除,否则影响粘结,如此费时费工又产生建筑垃圾。钢板因热膨胀系数大,易变形,表面光洁,水泥基材料不易渗入其中,湿贴其上的饰面易空鼓、脱落。上海爱迪技术发展有限公司在提出预防天然石材病变的"三要素五步骤"的基础上,根据钢板与天然石材的特点,推出钢板墙面天然石材湿贴施工方法,对避免病变的产生、保证工程质量效果显著。

## 1 方法特点

1.1 钢板表面界面处理;

1.2 柔性胶粘剂粘贴;

1.3 适当留缝,柔性填缝。

## 2 适用范围

钢板等金属板墙面上粘贴天然石材。

## 3 工艺原理

防水、增强与减少应力。钢板表面做界面处理,提高与胶粘剂的粘结力。

### 3.1 防水

水斑、泛碱、起壳、开裂等许多问题与水有关;防水指做好石材背面的防水和其他面的防护。

### 3.2 增强

起壳、开裂、脱落等许多问题与强度有关,增强既是材料上的增强,又是系统的增强。材料的增强是针对石材,使石材的物理力学性能提高,不易开裂;系统的增强是针对系统,从基层到面层,整个系统稳定,石材不开裂、不起壳、不脱落。

### 3.3 减少应力

起壳、开裂、脱落等问题都因强度与应力的平衡被破坏所致。减少应力,是解决矛盾的重要措施。

增强与减少应力,有一定的相关性,互相影响。许多病变是在两个要素共同作用下发生的。掌控好两个要素,做到强度高、应力小,使系统在低应力状态下运行,对于预防石材通病非常重要。

钢板表面较光滑、易出现变形,与石材变形不一致,易脱落,因此提高粘结强度与减少应力是重点。

## 4 施工工艺流程及操作要点

### 4.1 施工工艺流程

工具准备→基面处理→刷石材防水背胶→粘贴施工→留缝→填缝施工→成品保护

4.2  操作要点

4.2.1  基面处理

1  基面检查

仔细检查基层钢板的情况,基层应稳定、牢固。清理掉基层上的污物、油渍等不利于粘结的杂物(图4.2.1-1)。

2  防水界面剂调配,见附录B.0.14。

3  基层涂刷防水界面剂

用毛刷或滚筒将浆料均匀的涂布于钢板等基层的表面,厚度在1mm左右,用量约1kg/m²(包括水泥和砂的总量),自然养护一天后即可进行新的粘贴施工(图4.2.1-2)。

图4.2.1-1  清理基面      图4.2.1-2  涂刷界面剂

4.2.2  涂刷石材背胶

1  工地现场涂刷石材防水背胶

(1)背胶的调配,见附录B.0.1。

(2)涂刷方法

涂刷前需先清理表面,将石板粘结面的灰尘、污物、油渍等清理干净(图4.2.2-1)。

将石板平放在地面上,用毛刷将浆料均匀地涂布于石板的粘结面,厚度控制在0.6~0.8mm,用量0.8~1.0kg/m²,常温下的表干时间在0.5~1小时。自然养护一天后即可进行粘贴施工(图4.2.2-2)。

石板四周溢出的浆料,在表干后可用美工刀或铲刀清理干净(图4.2.2-3)。

图4.2.2-1  清理石板     图4.2.2-2  涂刷背胶     图4.2.2-3  清理浆料

2  石材大板厂预先涂刷石材防水背胶

(1)背胶的调配,见附录B.0.2。

(2)涂刷方法

批涂前用刷子、铲刀等工具将石板粘结面的灰尘、污物、油渍等清理干净,使石板的表面保持清洁(图4.2.2-4)。

将石板平放在托架上,将预先裁切好的网布(图4.2.2-5)按压在石板表面,倒适量的浆料在网布上,用批板将浆料均匀地批刮在整个石板表面,将网布全部覆盖,浆料厚度控制在 0.6 ~ 0.8mm。通常批涂一遍即可,对洞石类的石材可预先在板面上直接批涂一遍背胶,后再按批网的方法刮涂一遍。背胶用量 0.8 ~ 1.0kg/m$^2$,常温下的表干时间在 0.5 ~ 1 小时。自然养护一天后即可进行粘贴施工(图 4.2.2-6)。

石板四周溢出的浆料,在表干后可用美工刀或铲刀清理干净(图 4.2.2-7)。

图 4.2.2-4　清理石板　　　图 4.2.2-5　裁切网布　　　图 4.2.2-6　批刮背胶　　　图 4.2.2-7　清理浆料

### 4.2.3　粘贴施工

#### 1　基层处理

粘贴前需先对基层进行仔细检查。如基层表面有油脂、浮尘、疏松物等各种不利于粘结的物质,需清理后才可进行粘贴。基层和饰面材料均不需用水湿润,饰面材料的粘结面应保持清洁。

#### 2　AD-1025R 双组分柔性胶粘剂的调配,见附录 B.0.8。

#### 3　粘贴方法

根据放线位置和水平位置进行铺贴。用锯齿镘刀将浆料均匀地刮涂于基层或天然石材的粘结面上(基层误差较大时,可在基层和石板两边同时刮涂)(图 4.2.3-1、图 4.2.3-2),再将石板按压到基层上面(图 4.2.3-3),用橡皮锤轻轻敲击、调整水平、摆正压实(图 4.2.3-4);也可按常规贴法将拌好的浆料直接涂抹于天然石材的粘结面上,再用力按压到基层表面,摆正,刮去多余胶浆。

**石板四周接缝部位的缝内挤压出的胶粘剂用铲刀等工具及时清理干净**(图 4.2.3-5)。

粘结层厚度在 3 ~ 5mm 时,每平方米胶粘剂用量 5 ~ 8kg。

#### 4.2.4　留缝

**根据石板的规格大小合理设置接缝。**

天然石材长度 ≤ 60cm,应设置不小于 1mm 的接缝;长度 > 60cm,应设置不小于 1.5mm 的接缝(图 4.2.4)。

图 4.2.3-1　石板批胶粘剂　　　图 4.2.3-2　墙面批胶粘剂　　　图 4.2.3-3　粘贴石板

图 4.2.3-4　找平　　　　　　图 4.2.3-5　清理接缝　　　　　图 4.2.4　留缝

4.2.5　填缝施工

1　填缝施工应在粘贴完成至少 7 天以后才可进行,填缝前应先清除缝隙里面的油脂、浮尘、疏松物等各种不利于填缝、影响粘结的杂质(图 4.2.5-1);钢板等金属基面属于不稳定墙体,需采用柔性填缝剂或弹性硅酮胶进行填缝处理。

2　不需打磨墙面:将 AD-1027 柔性填缝剂(墙面型)包装打开后,放入硅胶枪内,缓慢挤压到接缝中,填缝深度应不小于 3mm,将接缝表面填平,自然养护一天,待填缝剂完全固化后即可(图 4.2.5-2)。

3　需打磨墙面:AD-1026 柔性填缝剂的调配见附录 B.0.4,将填缝剂用铲刀或批板嵌入缝隙中,填缝深度应不小于 3mm,将缝隙表面填平(图 4.2.5-3),在自然条件下养护 2～3 天,待填缝剂完全固化后即可对石板进行打磨抛光或清理操作。

4　填缝剂包装打开后应在规定时间内用完,粘在石板接缝周围的浆料,在表干后可用铲刀清理干净,使缝表面保持平整、清洁(图 4.2.5-4)。

图 4.2.5-1　清缝　　　图 4.2.5-2　填缝(一)　　　图 4.2.5-3　填缝(二)　　　图 4.2.5-4　清理表面

## 5　材料与设备

### 5.1　材料

AD-1007 爱迪防水界面剂,性能指标应符合附录 A 表 A.0.14 的规定。

AD-8009 爱迪石材防水背胶,性能指标应符合附录 A 表 A.0.1 的规定。

AD-8015 爱迪石材防水背胶(背网专用),性能指标应符合附录 A 表 A.0.2 的规定。

AD-1025R 爱迪双组分柔性胶粘剂,性能指标应符合附录 A 表 A.0.8 的规定。

AD-1026 爱迪柔性填缝剂,性能指标应符合附录 A 表 A.0.4 的规定。

AD-1027 爱迪柔性填缝剂(墙面型),性能指标应符合附录 A 表 A.0.15 的规定。

### 5.2　设备

搅拌桶、电动搅拌器、毛刷、滚筒、铲刀、美工刀、批板、橡皮锤、水平尺、锯齿镘刀(1cm×1cm)等。

# 6 施工质量控制

6.1 施工完成后,应做好养护和成品保护工作,铺贴完一周内禁止淋水、敲击和碰撞。

6.2 胶粘剂和背胶应严格按规定的配比,搅拌均匀,施工时不宜添加其他材料和外加剂,拌好的胶粘剂和背胶宜控制在2小时内用完,施工现场环境温度在5~35℃为宜,每次施工完,可用清水清洗工具及设备。

6.3 石材防水背胶、双组分柔性胶粘剂及柔性填缝剂等材料的碱性小于水泥,对皮肤影响较小,若不慎落入眼中,可用清水冲洗。

6.4 石板的粘结面在粘结前不宜使用防护剂进行防护处理,否则易引起空鼓脱落。

6.5 在背胶层还未充分干透前应避免淋雨和阳光直射,以免影响背胶成膜后的性能,同时也要避免用尖锐的器具破坏背胶层。

6.6 石板粘结面如有树脂胶粘贴的背网,在涂刷背胶前需先用铲刀或其他工具清理干净。

6.7 已涂刷石材防水背胶的粘结面不需再做防护,只需做其他五面的防护即可进行粘贴施工。

6.8 石材防水背胶的涂层厚度应均匀,不得有遗漏或孔洞。

# 23 钢板墙面人造石材湿贴施工方法

## 导　语

人造石材用于建筑装饰,除大气美观外,还有可大量复制、环保、资源再利用等优点。采用传统湿贴方法的工程,经常存在一些问题,如人造石材主要存在起鼓、开裂、脱落等通病。钢板因热膨胀系数大,易变形,表面光洁,水泥基材料不易渗入其中,湿贴其上的饰面易空鼓、脱落。上海爱迪技术发展有限公司在提出预防人造石材病变的"三要素五步骤"的基础上,根据钢板与人造石材的特点,推出钢板墙面人造石材湿贴施工方法,对避免病变的产生、保证工程质量效果显著。

## 1　方法特点

1.1　钢板表面界面处理;

1.2　柔性胶粘剂粘贴;

1.3　适当留缝,柔性填缝。

## 2　适用范围

钢板等金属板墙面上粘贴岗石、石英石等人造石材。

## 3　工艺原理

隔绝碱性水、提高粘结强度与减少应力。钢板表面做界面处理,提高与胶粘剂的粘结力。

### 3.1　隔绝碱性水

起壳、起鼓、翘曲、开裂等问题的产生,与碱性水对人造石材的腐蚀有关,隔绝碱性水,可以避免人造石材起鼓、开裂、被腐蚀等问题的产生。

### 3.2　提高粘结强度

起壳、脱落等许多问题与粘结强度有关,提高粘结强度,从基层到面层,整个系统的粘结强度提高,使人造石材不起壳、不脱落。

### 3.3.3　减少应力

起壳、起鼓、翘曲、开裂问题都因强度与应力的平衡被破坏所致。适当留缝,是减少应力,解决矛盾的重要措施。

## 4　施工工艺流程及操作要点

### 4.1　施工工艺流程

工具准备→基面处理→刷人造石材防水背胶→粘贴施工→留缝→填缝施工→成品保护

### 4.2　操作要点

#### 4.2.1　基面处理

1　基面检查

仔细检查基层钢板的情况,基层应稳定、牢固。清理掉基层上的污物、油渍等不利于粘结的杂物(图4.2.1-1)。

2    防水界面剂调配,见附录 B.0.14。

3    基层涂刷防水界面剂

用毛刷或滚筒将浆料均匀地涂布于钢板等基层的表面,厚度在1mm左右,用量约1kg/m²(包括水泥和砂的总量),自然养护一天后即可进行新的粘贴施工(图4.2.1-2)。

图 4.2.1-1    清理基面          图 4.2.1-2    涂刷界面剂

4.2.2.    涂刷人造石材防水背胶

1    人造石材防水背胶的调配,见附录 B.0.4。

2    人造石材防水背胶涂刷方法

涂刷前需先清理表面,将石板粘结面的灰尘、污物、油渍等清理干净(图4.2.2-1)。

将石板平放在地面上,用毛刷将浆料均匀地涂布于石板的粘结面,厚度控制在0.6~0.8mm,用量0.8~1.0kg/m²,常温下的表干时间在0.5~1小时。自然养护一天后即可进行粘贴施工(图4.2.2-2)。

石板四周溢出的浆料,在表干时可用美工刀或铲刀清理干净(图4.2.2-3)。

图 4.2.2-1    清理石板        图 4.2.2-2    涂刷背胶        图 4.2.2-3    清理浆料

4.2.3.    粘贴施工

1    基层处理

粘贴前需先对基层进行仔细检查。如基层表面有油脂、浮尘、疏松物等各种不利于粘结的物质,需清理后才可进行粘贴。基层和饰面材料均不需用水湿润,饰面材料的粘结面应保持清洁。

2    AD-1025R 双组分柔性胶粘剂的调配,见附录 B.0.8。

3    粘贴方法

根据放线位置和水平位置进行铺贴。用锯齿镘刀将浆料均匀地刮涂于人造石材或基层的粘结面上(基层误差较大时,可在基层和石板两边同时刮涂)(图4.2.3-1、图4.2.3-2),再将石板按压到基层上面(图4.2.3-3),用橡皮锤轻轻敲击、调整水平、摆正压实(图4.2.3-4);也可按常规贴法将拌好的浆料直接涂抹于人造石材的粘结面上,再用力按压到基层表面,摆正,刮去多余胶浆。

**石板四周接缝部位的缝内挤压出的胶粘剂用铲刀等工具及时清理干净**(图4.2.3-5)。

粘结层厚度在3~5mm时,每平方米胶粘剂用量5~8kg。

4.2.4 留缝

**根据石板的品种和规格大小合理设置接缝**(图4.2.4):

岗石长度≤60cm,石英石长度≤30cm,应设置不小于2mm的接缝。

岗石长度≤120cm,石英石长度≤60cm,应设置不小于3mm的接缝。

岗石长度>120cm,石英石长度>60cm,应设置不小于4mm的接缝。

图4.2.3-1 石板批胶粘剂　　　　图4.2.3-2 墙面批胶粘剂　　　　图4.2.3-3 粘贴石板

图4.2.3-4 找平　　　　　　　图4.2.3-5 清理接缝　　　　　　图4.2.4 留缝

4.2.5 填缝施工

1 填缝施工应在粘贴完成至少7天以后才可进行,填缝前应先清除缝隙里面的油脂、浮尘、疏松物等各种不利于填缝、影响粘结的杂质(图4.2.5-1);钢板等金属基面属于不稳定墙体,需采用柔性填缝剂进行填缝处理。

2 不需打磨墙面:将AD-1027柔性填缝剂(墙面型)包装打开后,放入硅胶枪内,缓慢挤压到接缝中,填缝深度应不小于3mm,将接缝表面填平,自然养护一天,待填缝剂完全固化后即可(图4.2.5-2)。

3 需打磨墙面:AD-1026柔性填缝剂的调配见附录B.0.4,将填缝剂用铲刀或批板嵌入缝隙中,填缝深度应不小于3mm,将缝隙表面填平(图4.2.5-3),在自然条件下养护2~3天,待填缝剂完全固化后即可对石板进行打磨抛光或清理操作。

4 填缝剂包装打开后应在规定时间内用完,粘在石板接缝周围的浆料,在表干后可用铲刀清理干净,使缝表面保持平整、清洁(图4.2.5-4)。

图 4.2.5-1　清缝

图 4.2.5-2　填缝(一)

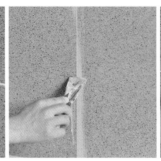
图 4.2.5-3　填缝(二)

图 4.2.5-4　清理表面

## 5　材料与设备

### 5.1　材料

AD-1007 爱迪防水界面剂,性能指标应符合附录 A 表 A.0.14 的规定。

AD-8011 爱迪人造石材防水背胶,性能指标应符合附录 A 表 A.0.5 的规定。

AD-1025R 爱迪双组分柔性胶粘剂,性能指标应符合附录 A 表 A.0.8 的规定。

AD-1026 爱迪柔性填缝剂,性能指标应符合附录 A 表 A.0.4 的规定。

AD-1027 爱迪柔性填缝剂(墙面型),性能指标应符合附录 A 表 A.0.15 的规定。

### 5.2　设备

搅拌桶、电动搅拌器、毛刷、滚筒、铲刀、美工刀、批板、橡皮锤、水平尺、锯齿镘刀(1cm×1cm)等。

## 6　施工质量控制

6.1　施工完成后,应做好养护和成品保护工作;铺贴完一周内禁止淋水、敲击和碰撞。

6.2　胶粘剂和背胶应严格按规定的配比,搅拌均匀,施工时不宜添加其他材料和外加剂,拌好的胶粘剂和背胶宜控制在 2 小时内用完,施工现场环境温度在 5~35℃ 为宜,每次施工完,可用清水清洗工具及设备。

6.3　人造石材防水背胶、双组分胶粘剂、界面剂、弹性防水膜的碱性小于水泥,对皮肤影响较小,若不慎落入眼中,可用清水冲洗。

6.4　石板的粘结面在粘结前不宜使用防护剂进行防护处理,否则易引起空鼓脱落。

6.5　在背胶层还未充分干透前应避免淋雨,以免影响背胶成膜后的性能,同时也要避免用尖锐的器具破坏背胶层。

**6.6　人造石材由于本身变形较大,受温度、湿度的影响引起的变形也较大,因此在填缝时应采用柔性填缝剂嵌缝,以适应人造石材的变形,绝不可采用刚性材料填缝。**

# 24 钢板墙面玻化砖湿贴施工方法

## 导 语

玻化砖大量用于建筑装饰,除用其坚固、耐久、耐磨外,还有大气美观的品质,采用传统湿贴方法的工程,经常存在一些问题,主要存在空鼓、脱落等通病。钢板因热膨胀系数大,易变形,表面光洁,水泥基材料不易渗入其中,湿贴其上的饰面易空鼓、脱落。上海爱迪技术发展有限公司在提出预防玻化砖病变的"二要素五步骤"的基础上,根据钢板与玻化砖的特点,推出钢板墙面玻化砖湿贴施工方法,对避免病变的产生、保证工程质量效果显著。

## 1 方法特点

1.1 钢板表面界面处理;

1.2 柔性胶粘剂粘贴;

1.3 适当留缝,柔性填缝。

## 2 适用范围

钢板等金属板墙面上粘贴玻化砖等低吸水率瓷砖。

## 3 工艺原理

提高粘结力与减少破坏性应力。钢板表面做界面处理,提高与胶粘剂的粘结力。

### 3.1 提高粘结力

玻化砖的破坏主要是玻化砖背面与粘结材料脱开,原因是玻化砖很致密,普通粘结材料不易与玻化砖牢固粘结,采用玻化砖背胶提高粘结材料与玻化砖之间的粘结力。

### 3.2 减少破坏性应力

玻化砖尺寸较大,弹性模量较大,温度变化、基层变形等产生的应力较大,减少破坏性应力,使系统强度大于应力,以保持系统的稳定。

钢板表面较光滑、易出现变形,玻化砖本身变形较小、吸水率较低、光滑;钢板与玻化砖变形不一致,板间易出现空鼓开裂现象,易脱落,因此提高粘结强度与减少应力是重点。

## 4 施工工艺流程及操作要点

### 4.1 施工工艺流程

工具准备→基面处理→刷玻化砖背胶→粘贴施工→留缝→填缝施工→成品保护

### 4.2 操作要点

#### 4.2.1 基面处理

1 基面检查

仔细检查基层钢板的情况,钢板应稳定、牢固。清理掉基层上的污物、油渍等不利于粘结的杂物（图 4.2.1-1）。

2  防水界面剂调配，见附录 B.0.12。

3  基层涂刷防水界面剂

用毛刷或滚筒将浆料均匀地涂布于钢板等基层的表面，厚度在 1mm 左右，用量约 1kg/m² （包括水泥和砂的总量），自然养护一天后即可进行新的粘贴施工（图 4.2.1-2）。

图 4.2.1-1　清理基面          图 4.2.1-2　涂刷界面剂

4.2.2　涂刷玻化砖背胶

1  玻化砖背胶的调配，见附录 B.0.9。

2  玻化砖背胶涂刷方法

**涂刷前须先清理玻化砖粘结面，将玻化砖粘结面的灰尘、污物、油渍、脱模剂残留物等清理干净**（图 4.2.2-1）。

将玻化砖平放在地面上，用毛刷将浆料均匀地涂布于玻化砖的粘结面，厚度控制在 0.8 ~ 1.0mm，用量 0.8 ~ 1.0kg/m²，常温下的表干时间在 20 ~ 30 分钟。表干后即可进行粘贴施工（图 4.2.2-2）。

玻化砖四周溢出的浆料，在刚表干后可用美工刀或铲刀清理干净（图 4.2.2-3）。

图 4.2.2-1　清理玻化砖          图 4.2.2-2　涂刷背胶          图 4.2.2-3　清理浆料

4.2.3　粘贴施工

1  基层处理

粘贴前需先对基层进行仔细检查。如基层表面有油脂、浮尘等各种不利于粘结的物质，需清理后才可进行粘贴。基层和饰面材料均不需用水湿润，饰面材料的粘结面应保持清洁。

2  AD-1025R 双组分柔性胶粘剂，见附录 B.0.8。

3  粘贴方法

根据放线位置和水平位置进行铺贴。用锯齿镘刀将浆料均匀地刮涂于玻化砖或基层的粘结面上（基层误差较大时，可在基层和玻化砖两边同时刮涂）（图 4.2.3-1、图 4.2.3-2），再将玻化砖按压到基层上面（图 4.2.3-3），用橡皮锤轻轻敲击、调整水平、摆正压实（图 4.2.3-4）；也可按常规贴法将拌好的浆料直接涂抹于玻化砖的粘结面上，再用力按压到基层表面，摆正，刮去多余胶浆。

玻化砖四周接缝部位的缝内挤压出的胶粘剂用铲刀等工具及时清理干净(图4.2.3-5)。

粘结层厚度在5mm左右时,每平方米胶粘剂用量约8kg。

4.2.4　留缝

**根据玻化砖的规格大小合理设置接缝。**

玻化砖长度≤60cm,应设置不小于1mm的接缝;长度>60cm,应设置不小于1.5mm的接缝(图4.2.4)。

图4.2.3-1　玻化砖批胶粘剂

图4.2.3-2　墙面批胶粘剂

图4.2.3-3　粘贴玻化砖

图4.2.3-4　找平

图4.2.3-5　清理接缝

图4.2.4　留缝

4.2.5　填缝施工

1　填缝时间应尽可能推迟,至少应在粘贴完成7天以后才可进行,填缝前应先清除缝隙里面的油脂、浮尘、疏松物等各种不利于填缝、影响粘结的杂质(图4.2.5-1);由于钢板墙体变形较大,在选择填缝材料时应使用柔性填缝剂或弹性硅酮胶进行填缝处理。

2　将AD-1027柔性填缝剂(墙面型)包装打开后,放入硅胶枪内,缓慢挤压到接缝中,填缝深度应不小于3mm,将接缝表面填平(图4.2.5-2)。

3　自然养护一天,待填缝剂完全固化后即可。

4　填缝剂包装打开后应尽快用完,粘在玻化砖接缝周围的浆料,在表干后可用铲刀清理干净,使缝表面保持平整、清洁。(图4.2.5-3)。

图4.2.5-1　清缝

图4.2.5-2　填缝

图4.2.5-3　清理表面

## 5　材料与设备

### 5.1　材料

AD-1007 爱迪防水界面剂,性能指标应符合附录 A 表 A.0.14 的规定。

AD-1022 爱迪玻化砖背胶,性能指标应符合附录 A 表 A.0.9 的规定。

AD-1025R 爱迪双组分柔性胶粘剂,性能指标应符合附录 A 表 A.0.8 的规定。

AD-1027 爱迪柔性填缝剂(墙面型),性能指标应符合附录 A 表 A.0.15 的规定。

### 5.2　设备

搅拌桶、电动搅拌器、毛刷、滚筒、铲刀、美工刀、批板、橡皮锤、水平尺、锯齿镘刀(1cm×1cm)等。

## 6　施工质量控制

6.1　背胶涂刷前,须先将玻化砖背面的脱模剂残留物等严重影响粘结的污物清理干净。背胶施工完成后,应做好养护和成品保护工作,铺贴完一周内禁止淋水、敲击和碰撞。

6.2　拌好的浆料宜控制在 2 小时内用完,施工现场环境温度在 5～35℃为宜。

6.3　胶粘剂和背胶应严格按规定的配比,使用电动搅拌工具搅拌均匀,施工时不宜添加其他材料和外加剂,拌和胶粘剂的水应使用清水。

6.4　每次施工完,可用清水清洗工具及设备。

6.5　玻化砖背胶、柔性胶粘剂、柔性填缝剂的碱性小于水泥,对皮肤影响较小,若不慎落入眼中,可用清水冲洗。

6.6　在背胶层还未充分干透前应避免淋雨,以免影响背胶成膜后的性能。

# 25 石材、玻化砖空鼓脱落修补施工方法

**导　语**

石材、玻化砖大量用于建筑装饰,除用其坚固、耐久、耐磨外,还有大气美观的品质,湿贴方案选择不当或施工操作不当,经常会出现空鼓脱落问题,严重影响装饰效果,返工维修速度慢效率低,甚至存在安全隐患。针对石材、玻化砖湿贴施工后常见的空鼓脱落问题,上海爱迪技术发展有限公司设计出一套空鼓脱落快速修补施工方法。该方法可简单快速的对空鼓脱落问题进行修补,同时可大幅降低修补难度、减少人工和材料的投入。既可保持石材、玻化砖原有的装饰效果,又可大幅降低维修成本。

## 1 方法特点

1.1 原粘结层不需清除,维修效率高;

1.2 专用修补胶修补,保持原有平整度。

## 2 适用范围

适用于墙地面粘贴的石材、玻化砖出现整片、整块空鼓脱落现象的修补。空鼓脱落破坏界面位于饰面材料和粘结层间,原粘结层与找平层、基层间粘结牢固。

## 3 工艺原理

柔性粘结;粘结层厚度很小,不影响平整度。

## 4 施工工艺流程及操作要点

4.1 施工工艺流程

空鼓检查和判断—修补基面清理—修补施工—填缝施工。

4.2 操作要点

### 4.2.1 空鼓检查和判断

修补前,先用空鼓锤对整个空鼓情况进行详细的敲击检查。用吸盘等工具将空鼓部位的石板或玻化砖整块取出,检查破坏界面情况、原粘结层与找平层粘结情况、以及粘结层和找平层强度及裂纹情况。

### 4.2.2 修补基面清理

**用吸盘将空鼓部位的石材、玻化砖按顺序取出,并作好安装顺序的编号**(图4.2.2-1)。

用铲刀、毛刷等工具清理掉石材、玻化砖粘结面和原粘结面表面的浮灰、砂粒等不利于粘结的杂物(图4.2.2-2、图4.2.2-3)。

图 4.2.2-1 取出石材
并编号　　　　图 4.2.2-2 清理原粘结面　　　　图 4.2.2-3 清理石材
粘结面

### 4.2.3 修补施工

1 AD – 1023 空鼓脱落修补胶调配,见附录 B. 0. 15。

2 修补方法

用刷子将拌好的浆料先涂刷于石材或玻化砖的粘结面上(图 4.2.3-1),再在原粘结层表面涂刷一遍(图 4.2.3-2),涂刷厚度控制在 0.1 ~ 0.2mm。

将石材或玻化砖按取出时的编号按顺序逐块安放到原粘结层上(图 4.2.3-3),用橡皮锤轻轻敲击,使石材或玻化砖与原粘结层之间粘结牢固、密实(图 4.2.3-4),拌好的修补胶浆料控制在 2h 内用完;根据石材或玻化砖的品种和尺寸大小合理设置接缝(图 4.2.3-5)。缝内挤出的浆料应及时清理干净(图 4.2.3-6)。每平方米修补胶用量 0.3 ~ 0.4 千克。

自然养护一天后即可产生较高的粘结强度(图 4.2.3-7)。

图 4.2.3-1 石材涂刷修补胶　　　　图 4.2.3-2 原粘结层
涂刷修补胶　　　　图 4.2.3-3 安装石材

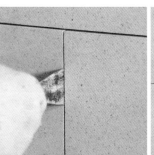

图 4.2.3-4 找平、压实　　　图 4.2.3-5 留缝　　　图 4.2.3-6 清理接缝　　　图 4.2.3-7 自然养护

### 4.2.4 填缝施工

1 填缝应在粘贴完成 2 ~ 3 天以后进行,填缝前应先清除缝隙里面的浮尘、疏松物等各种不利于填缝、影响粘结的杂质(图 4.2.4-1)。

　　2　不需打磨基面:将 AD-1027 柔性填缝剂(墙面型)包装打开后,放入硅胶枪内,缓慢挤压到接缝中(图4.2.4-2),填缝深度应不小于3mm,将接缝表面填平,自然养护一天,待填缝剂完全固化后即可。

　　3　需打磨基面:AD-1026 柔性填缝剂的调配见附录 B.0.4,将填缝剂用铲刀或批板嵌入缝隙中(图4.2.4-3),填缝深度应不小于3mm,将缝隙表面填平,在自然条件下养护2~3天,待填缝剂完全固化后即可对石板进行打磨抛光或清理操作。

　　4　填缝剂包装打开后,应在规定时间内用完,粘在石板或玻化砖接缝周围的浆料,在表干后可用铲刀清理干净,使缝表面保持平整、清洁(图4.2.4-4)。

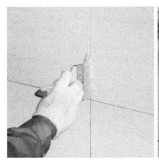  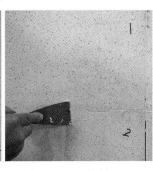 

图 4.2.4-1　清理接缝　　　图 4.2.4-2　填缝(一)　　　图 4.2.4-3　填缝(二)　　　图 4.2.4-4　清理表面

## 5　材料与设备

### 5.1　材料

　　AD-1023 空鼓脱落修补胶,性能指标应符合附录 A 表 A.0.16 的规定。

　　AD-1026 柔性填缝剂,性能指标应符合附录 A 表 A.0.4 的规定。

　　AD-1027 柔性填缝剂(墙面型),性能指标应符合附录 A 表 A.0.15 的规定。

### 5.2　设备

　　空鼓锤、吸盘、搅拌桶、电动搅拌器、毛刷、铲刀、橡皮锤、水平尺等。

## 6　施工质量控制

**6.1　石材、玻化砖取出时必须进行编号,安装时须按预先的编号,按顺序安装,不可出现错位安装,墙面安装时应由下而上进行。**

6.2　施工完成后,应做好养护和成品保护工作,修补后部位在一天内不可敲击、碰撞。

6.3　严格按规定的配比,搅拌均匀,施工时不宜添加其他材料和外加剂,拌好的修补胶宜控制在2小时内用完,拌好的柔性填缝剂宜控制在1小时内用完,施工现场环境温度在5~35℃为宜,每次施工完,可用清水清洗工具及设备。

6.4　修补所使用的材料的碱性小于水泥,对皮肤影响较小,若不慎落入眼中,可用清水冲洗。

6.5　石板的粘结面在修补前不宜使用防护剂进行防护处理,否则易引起空鼓脱落。

# 附录 A 材料性能指标

**表 A.0.1 AD-8009 石材防水背胶性能指标**(执行标准:Q/SXAP 27—2013)

| 检验项目 | 性能指标 | 检验结果 |
|---|---|---|
| 粉体外观 | 应均匀一致,不应有结块 | 均匀、无结块 |
| 液体外观 | 经搅拌后应呈均匀状态,不应有块状沉淀 | 均匀、无沉淀 |
| 拉伸粘结强度(标准条件)(MPa) | ≥1.0 | 1.7 |
| 拉伸粘结强度(浸水后)(MPa) | ≥1.0 | 1.3 |
| 抗渗性 | 500mm 水柱 24h 无渗漏 | 无渗漏 |

**表 A.0.2 AD-8015 石材防水背胶(背网专用)性能指标**(执行标准:Q/SXAP 27—2013)

| 检验项目 | 性能指标 | 检验结果 |
|---|---|---|
| 粉体外观 | 应均匀一致,不应有结块 | 均匀、无结块 |
| 液体外观 | 经搅拌后应呈均匀状态,不应有块状沉淀 | 均匀、无沉淀 |
| 拉伸粘结强度(标准条件)(MPa) | ≥1.0 | 1.8 |
| 拉伸粘结强度(浸水后)(MPa) | ≥1.0 | 1.5 |
| 抗渗性 | 500mm 水柱 24h 无渗漏 | 无渗漏 |

**表 A.0.3 AD-1013 石材胶粘剂性能指标**(执行标准:GB 24264—2009)

| 检验项目 | | 性能指标 | 检验结果 |
|---|---|---|---|
| 普通地面 | 拉伸粘结强度(标准条件)(MPa) | ≥0.5 | 1.0 |
| | 拉伸粘结强度(晾置时间)(MPa) | ≥0.5 | 0.8 |
| 重负荷地面及墙面 | 拉伸粘结强度(标准条件)(MPa) | ≥1.0 | 1.7 |
| | 拉伸粘结强度(晾置时间)(MPa) | ≥1.0 | 1.5 |

**表 A.0.4 AD-1026 柔性填缝剂性能指标**(执行标准:Q/SXAP 36—2013)

| 检验项目 | 性能指标 | 检验结果 |
|---|---|---|
| 外观 | 均匀一致 | 均匀一致 |
| 粘结强度(MPa) | ≥1.0 | 3.2 |
| 收缩值(mm/m) | ≤1.5 | 0.4 |
| 吸水量(240min)(g) | ≤5 | 0.1 |
| 可操作时间(min) | ≥30 | 70 |

**表 A.0.5 AD-8011 人造石材防水背胶性能指标**(执行标准:Q/SXAP 27—2013)

| 检验项目 | 性能指标 | 检验结果 |
|---|---|---|
| 粉体外观 | 应均匀一致,不应有结块 | 均匀、无结块 |
| 液体外观 | 经搅拌后应呈均匀状态,不应有块状沉淀 | 均匀、无沉淀 |
| 收缩值(MPa) | ≥1.0 | 1.7 |
| 拉伸粘结强度(浸水后)(MPa) | ≥1.0 | 1.3 |
| 抗渗性 | 500mm 水柱 24h 无渗漏 | 无渗漏 |

**表 A.0.6 AD-1016 人造石材胶粘剂性能指标**(执行标准:GB 24264—2009)

| 检验项目 | | 性能指标 | 检验结果 |
|---|---|---|---|
| 普通地面 | 拉伸粘结强度(标准条件)(MPa) | ≥0.5 | 1.0 |
| | 拉伸粘结强度(晾置时间)(MPa) | ≥0.5 | 0.8 |
| 重负荷地面及墙面 | 拉伸粘结强度(标准条件)(MPa) | ≥1.0 | 1.7 |
| | 拉伸粘结强度(晾置时间)(MPa) | ≥1.0 | 1.5 |

**表 A.0.7 AD-6005 柔性胶粘剂性能指标**(执行标准:JG/T 158—2013)

| 检验项目 | | 性能指标 | 检测结果 |
|---|---|---|---|
| 拉伸粘结强度(MPa) | 标准状态 | ≥0.5 | 1.1 |
| | 浸水处理 | ≥0.5 | 0.9 |
| | 热老化处理 | ≥0.5 | 0.8 |
| | 冻融循环处理 | ≥0.5 | 0.8 |
| | 晾置 20min 后 | ≥0.5 | 1.0 |
| 横向变形(mm) | | ≥1.5 | 2.2 |

**表 A.0.8 AD-1025R 双组分柔性胶粘剂性能指标**(执行标准:GB 24264—2009)

| 检验项目 | 性能指标 | 检验结果 |
|---|---|---|
| 拉伸粘结强度(标准条件)(MPa) | ≥1.0 | 1.7 |
| 拉伸粘结强度(晾置时间)(MPa) | ≥1.0 | 1.4 |
| 压折比(内控) | ≤3.0 | 2.4 |
| 可操作时间(h) | ≥1 | 2h20min |

**表 A.0.9 AD-1022 玻化砖背胶性能指标**(执行标准:Q/SXAP 35—2010)

| 检验项目 | 性能指标 | 检验结果 |
|---|---|---|
| 粉体外观 | 应均匀一致,不应有结块 | 均匀、无结块 |
| 液体外观 | 经搅拌后应呈均匀状态,不应有块状沉淀 | 均匀、无沉淀 |
| 拉伸粘结强度(原强度)(MPa) | ≥0.8 | 1.6 |
| 拉伸粘结强度(浸水后)(MPa) | ≥0.5 | 1.1 |

**表 A.0.10 AD-1015 玻化砖胶粘剂(普通型)性能指标**(执行标准:Q/SXAP 26—2014)

| 检验项目 | | 性能指标 | 检验结果 |
|---|---|---|---|
| 压剪胶粘强度 | 原强度(MPa) | ≥1.2 | 2.2 |
| | 耐水(MPa) | ≥0.7 | 1.5 |
| | 耐高温(MPa) | ≥0.7 | 1.2 |
| | 冻融循环(MPa) | ≥0.7 | 1.2 |
| 拉伸胶粘强度 | 晾置时间 10min(MPa) | ≥0.17 | 0.33 |
| | 调整时间 5min(MPa) | ≥0.17 | 0.41 |
| 线收缩(%) | | ≤0.5 | 0.3 |

表 A.0.11 **AD-1015 玻化砖胶粘剂(加强型)性能指标**(执行标准:Q/SXAP 26—2014)

| 检验项目 | | 性能指标 | 检验结果 |
|---|---|---|---|
| 压剪胶粘强度 | 原强度(MPa) | ≥1.5 | 2.6 |
| | 耐水(MPa) | ≥0.8 | 1.8 |
| | 耐高温(MPa) | ≥0.8 | 1.6 |
| | 冻融循环(MPa) | ≥0.8 | 1.6 |
| 拉伸胶粘强度 | 晾置时间 10min(MPa) | ≥0.17 | 0.33 |
| | 调整时间 5min(MPa) | ≥0.17 | 0.41 |
| 线收缩(%) | | ≤0.5 | 0.2 |

表 A.0.12 **AD-1002 混凝土界面剂性能指标**(执行标准:JC/T 907—2002)

| 检验项目 | 性能指标 | 检验结果 |
|---|---|---|
| 外观 | 经搅拌后应呈均匀状态,不应有块状沉淀 | 经搅拌后呈均匀状态,无块状沉淀 |
| 剪切粘结强度(7d)(MPa) | ≥1.0 | 2.6 |
| 剪切粘结强度(14d)(MPa) | ≥1.5 | 3.0 |
| 拉伸粘结强度(7d)(MPa) | ≥0.4 | 0.9 |
| 拉伸粘结强度(14d)(MPa) | ≥0.6 | 1.3 |
| 拉伸粘结强度(浸水处理)(MPa) | ≥0.5 | 1.4 |
| 拉伸粘结强度(热处理)(MPa) | ≥0.5 | 1.2 |

表 A.0.13 **AD-2002 弹性防水膜(Ⅰ型)性能指标**(执行标准:GB/T 23445—2009)

| 检验项目 | 性能指标 | 检验结果 |
|---|---|---|
| 外观(液体组分) | 无杂质,无凝胶的均匀液体 | 无杂质,无凝胶的均匀液体 |
| 外观(固体组分) | 无杂质,无结块的粉末 | 无杂质,无结块的粉末 |
| 固体含量(%) | ≥70 | 80 |
| 拉伸强度(MPa) | ≥1.2 | 1.4 |
| 断裂伸长率(%) | ≥200 | 245 |
| 低温柔性(φ10mm 棒) | −10℃,无裂纹 | 无裂纹 |
| 不透水性 | 0.3MPa,30min 不透水 | 不透水 |
| 粘结强度(MPa) | ≥0.5 | 0.6 |

表 A.0.14 **AD-1007 防水界面剂性能指标**(执行标准:Q/SXAP 20—2009)

| 检验项目 | 性能指标 | 检验结果 |
|---|---|---|
| 外观 | 乳白色液体,可有少量分层 | 略有分层 |
| 剪切粘结强度(7d)(MPa) | ≥0.7 | 1.0 |
| 剪切粘结强度(14d)(MPa) | ≥1.0 | 1.5 |
| 拉伸粘结强度(7d)(MPa) | ≥0.3 | 0.8 |
| 拉伸粘结强度(14d)(MPa) | ≥0.5 | 1.2 |
| 抗渗性 | 500mm 水柱 24h 无渗漏 | 无渗漏 |

表 A. 0. 15  **AD-1027 柔性填缝剂**(墙面型)**性能指标**(执行标准:Q/SXAP 40—2014)

| 检测项目 | 技术指标 | 检测结果 |
|---|---|---|
| 外观 | 细腻膏状 | 细腻膏状 |
| 密度($g/cm^3$) | 1. 25 ~ 1. 35 | 1. 29 |
| 断裂伸长率(%) | ≥100 | 228 |
| 表干时间(min) | ≤60 | 30 |
| 挤出率($g/min$) | ≥200 | 255 |
| 拉伸强度(MPa) | ≥1. 0 | 1. 6 |

表 A. 0. 16  **AD-1023 空鼓脱落修补胶性能指标**(执行标准:Q/SXAP 38—2013)

| 检测项目 | 技术指标 | 检测结果 |
|---|---|---|
| 粉体外观 | 应均匀一致,不应有结块 | 均匀、无结块 |
| 液体外观 | 经搅拌后应呈均匀状态,不应有块状沉淀 | 均匀、无沉淀 |
| 拉伸粘结强度(原强度)(MPa) | ≥0. 8 | 1. 5 |
| 拉伸粘结强度(浸水后)(MPa) | ≥0. 5 | 1. 0 |

# 附录 B　材料的调配

### B.0.1　AD-8009 石材防水背胶的调配

将 AD-8009 石材防水背胶的液体与粉体以 1∶2(质量比)的比例,用电动搅拌器充分混合均匀(搅拌时先倒入液体,边搅拌边加粉体),静置 5 ~ 10 分钟,待气泡基本消除即可进行施工(图 B.0.1)。

### B.0.2　AD-8015 石材防水背胶的调配

将 AD-8015 石材防水背胶的液体与粉体以 1∶3(质量比)的比例,用电动搅拌器充分混合均匀(搅拌时先倒入液体,边搅拌边加粉体),静置 5 ~ 10 分钟,待气泡基本消除即可进行施工(图 B.0.2)。

### B.0.3　AD-1013 石材胶粘剂的调配

将 AD-1013 石材胶粘剂粉体与水以 4∶1 左右的比例(质量配比)用电动搅拌器充分混合成稠度均匀的浆体(搅拌时先倒入水,边搅拌边加粉体),静置 3 ~ 5 分钟,这段时间内混合物稠度将会增大,再次充分搅拌均匀即可使用(图 B.0.3)。

图 B.0.1　AD-8009 石材防水　　　　图 B.0.2　AD-8015 石材　　　　图 B.0.3　AD-1013 石材
　　　背胶的调配　　　　　　　　　　　防水背胶的调配　　　　　　　　胶粘剂的调配

### B.0.4　AD-1026 柔性填缝剂的调配

将 AD-1026 柔性填缝剂的 A 和 B 两组分按 2∶1 的比例,用电动搅拌器充分混合均匀,即可施工(图 B.0.4)。

### B.0.5　AD-8011 人造石材防水背胶的调配

将 AD-8011 人造石材防水背胶的液体与粉体以 1∶2(质量比)的比例,用电动搅拌器充分混合均匀(搅拌时先倒入液体,边搅拌边加粉体),静置 5 ~ 10 分钟,待气泡基本消除即可进行施工(图 B.0.5)。

### B.0.6　AD-1016 人造石材胶粘剂的调配

将 AD-1016 人造石材胶粘剂粉体与水以 4∶1 左右的比例(质量配比)用电动搅拌器充分混合成稠度均匀的浆体(搅拌时先倒入水,边搅拌边加粉体),静置 3 ~ 5 分钟,这段时间内混合物稠度将会增大,再次充分搅拌均匀即可使用(图 B.0.6)。

图 B.0.4 填缝剂调配　　　图 B.0.5 AD-8011 人造石材　　　图 B.0.6 AD-1016 人造石材
　　　　　　　　　　　　　　　　防水背胶的调配　　　　　　　　　胶粘剂的调配

## B.0.7 AD-6005 柔性胶粘剂调配

将 AD-6005 柔性胶粘剂粉体与水以 4∶1 左右的比例(质量配比)用电动搅拌器充分混合成稠度均匀的浆体(搅拌时先倒入水,边搅拌边加粉体),静置 3~5 分钟,这段时间内混合物稠度将会增大,再次充分搅拌均匀即可使用(图 B.0.7)。

## B.0.8 AD-1025R 双组分柔性胶粘剂调配

将 AD-1025R 双组分柔性胶粘剂粉体与液体以 4∶1 左右的比例(质量配比)用电动搅拌器充分混合成稠度均匀的浆体(搅拌时先倒入液体,边搅拌边加粉体),静置 3~5 分钟,这段时间内混合物稠度将会增大,再次充分搅拌均匀即可使用(图 B.0.8)。

## B.0.9 AD-1022 玻化砖背胶的调配

将 AD-1022 玻化砖背胶的液体与粉体以 1∶2(质量比)的比例,用电动搅拌器充分混合均匀(搅拌时先倒入液体,边搅拌边加粉体),即可进行施工(图 B.0.9)。

图 B.0.7 AD-6005 柔性　　　图 B.0.8 AD-1025R 双组分　　　图 B.0.9 AD-1022 玻化砖
胶粘剂的调配　　　　　　　　柔性胶粘剂调配　　　　　　　　背胶的调配

## B.0.10 AD-1015(普通型)玻化砖胶粘剂的调配

将 AD-1015 玻化砖胶粘剂(普通型)粉体与水以 4∶1 左右的比例(质量配比)用电动搅拌器充分混合成稠度均匀的浆体(搅拌时先倒入水,边搅拌边加粉体),静置 3~5 分钟,这段时间内混合物稠度将会增大,再次充分搅拌均匀即可使用(图 B.0.10)。

## B.0.11 AD-1015(加强型)玻化砖胶粘剂的调配

将 AD-1015 玻化砖胶粘剂(加强型)粉体与水以 4∶1 左右的比例(质量配比)用电动搅拌器充分混

合成稠度均匀的浆体(搅拌时先倒入水,边搅拌边加粉体),静置3～5分钟,这段时间内混合物稠度将会增大,再次充分搅拌均匀即可使用(图 B. 0. 11)。

### B. 0. 12  AD-1002 混凝土界面剂调配

将 AD-1002 混凝土界面剂的液体与水泥、中砂以 1∶1∶1(质量比)的比例,用电动搅拌器充分混合均匀(搅拌时先倒入液体,边搅拌边加粉体),即可进行施工。在搅拌前需先将液体混合均匀,之后再和水泥、中粗砂混合搅拌(图 B. 0. 12)。

图 B. 0. 10  AD-1015 玻化砖
胶粘剂(普通型)的调配

图 B. 0. 11  AD-1015 玻化砖
胶粘剂(加强型)的调配

B. 0. 12  AD-1002 混凝土
界面剂调配

### B. 0. 13  AD-2002 弹性防水膜的调配

将 AD-2002 弹性防水膜的液体与粉体以 1∶1. 25(质量比)的比例,用电动搅拌器充分混合均匀(搅拌时先倒入液体,边搅拌边加粉体),静置5～10分钟,待气泡基本消除即可进行施工(图 B. 0. 13)。

### B. 0. 14  AD-1007 防水界面剂调配

将 AD-1007 防水界面剂的液体与水泥、中砂以 1∶1∶1(质量比)的比例,用电动搅拌器充分混合均匀(搅拌时先倒入液体,边搅拌边加粉体),静置5～10分钟,待气泡基本消除即可进行施工。在搅拌前需先将液体混合均匀,之后再和水泥、中砂混合搅拌(图 B. 0. 14)。

### B. 0. 15  AD－1023 空鼓脱落修补胶调配

使用前先将液体组分搅拌混合均匀,再将 AD-1023 修补胶的液体与粉体以 1∶1. 5(质量比,一桶液体加一包粉体)的比例用电动搅拌器充分混合均匀,搅拌时先倒液体后加粉体,搅拌时间不少于3分钟,目视应无颗粒物存在,静置3分钟左右,即可进行修补施工(图 B. 0. 15)。

图 B. 0. 13  AD-2002 弹性
防水膜调配

图 B. 0. 14  AD-1007 防水
界面剂调配

图 B. 0. 15  AD-1023 空鼓脱落
修补胶调配